孝经·忠经

国学馆【双色版】

冯慧娟◎编

辽宁美术出版社

图书在版编目（CIP）数据

孝经·忠经/冯慧娟编.—沈阳：辽宁美术出版
社,2019.6

（众阅国学馆）

ISBN 978-7-5314-8381-6

Ⅰ.①孝… Ⅱ.①冯… Ⅲ.①家庭道德—中国—古代

Ⅳ.① B823.1

中国版本图书馆 CIP 数据核字 (2019) 第 117969 号

出 版 社：辽宁美术出版社
地　　　址：沈阳市和平区民族北街 29 号　邮编：110001
发 行 者：辽宁美术出版社
印 刷 者：三河市燕春印务有限公司
开　　　本：787mm×1092mm　1/32
印　　　张：5
字　　　数：100 千字
出版时间：2019 年 6 月第 1 版
印刷时间：2019 年 6 月第 1 次印刷
责任编辑：苍晓东
装帧设计：新华智品
责任校对：郝　刚
ISBN 978-7-5314-8381-6

定　　　价：25.00 元

邮购部电话：024-83833008
E-mail：lnmscbs@163.com
http://www.lnmscbs.cn
图书如有印装质量问题请与出版部联系调换
出版部电话：024-23835227

中国的古书浩如烟海，如果说让我们从这浩瀚的书海中选出一部字数最少、内容浅显而又影响巨大的著作的话，那毫无疑问要数《孝经》了。

《孝经》这部书，据说是曾子问孝于孔子，退而和学生们讨论研究，由学生们记载而成的一部书。全书共18章，将社会上各种阶层的人士——上自国家君主，下至平民百姓，分为五个层级，而就各阶层的地位与职业，标示出其实践孝亲的法则与途径。

《孝经》是自古以来读书人必读的一本书，所以被列为"十三经"之一。历史上仅为《孝经》注疏解译的就有500家之多。更有甚者，大唐皇帝唐玄宗为了弘扬《孝经》的思想而亲自为之注解、作序，并以俊逸的隶书书写出来，令人刻于石碑之上，以流传后世。

《孝经》文义浅白，总字数不过1800余言，可是，两千年来，上至帝王将相，下至黎民百姓，都广为传习，对其倍加尊崇，其影响所及，远至异族异国。《孝经》是一部奇书，是一部使人崇高圣洁的书，是一部充满人生智慧的书，是一部承载中华民族传统美德的经典之作。

编者为弘扬中华民族的优秀文化遗产，特意在本书的附录中编选了其他几种相关的传统著作，希望读者读过之

孝经·忠经

后有所收获。

《忠经》是一部仿《孝经》而著的儒家经典，旧本题为东汉马融撰。

马融是东汉著名经学家，字季长，扶风茂陵（陕西兴平东北）人。马融勤奋好学，精通经传典籍，知识深广。

《忠经》全书共分18章，体例全仿《孝经》而作。关于其写作的缘由，作者在"序"中提到："《忠经》者，盖出于《孝经》也。仲尼说孝者所以事君之义，则知孝者，俟忠而成之，所以答君亲之恩，明臣子之分。忠不可废于国，孝不可弛于家。孝既有经，忠则犹阙。故述仲尼之说，作《忠经》焉。"全书围绕"忠"，做了多方面的阐释，同样被尊为儒学之经典。

目录

孝经·忠经

目录

孝经·忠经

孝经

【原文】

　　仲尼居，曾子侍。
　　子曰："先王有至德要道，以顺天下，民用和睦，上下无怨。汝知之乎？"
　　曾子避席曰："参不敏，何足以知之？"

【译文】

　　孔子闲坐在家中，他的学生曾参陪坐在一旁。
　　孔子说："古代的帝王有着至高至圣的品德和道义，并以此来博取天下人的归顺之心，使百姓相处融洽，上上下下的人都不会互相怨恨。你知道这是为什么吗？"
　　曾子站起来离开自己的座位说道："曾参不够聪慧，又怎么能知道呢？"

【原文】

　　子曰："夫孝，德之本也，教之所由生也。复坐，吾语汝。身体发肤，受之父母，不敢毁伤，孝之始也；立身行道，扬名于后世，以显父母，孝之终也。夫孝，始于事亲，中于事君，终于立身。《大雅》云：'无念尔祖，聿修厥德。'"

【译文】

　　孔子说："孝，是道德的根本，也是教化产生的缘由。你坐回原位，我慢慢地讲给你听。人的四肢、毛发、皮肤，都是受之于父母的，不能使其受到伤害，这是孝道的开始；人要安身立命，推行道义，从而扬名于后世，父母的名声也因此显赫，这是孝道的终极目标。孝道的遵行，最初是从陪侍父母开始，随后侍奉君王，最后要实现个人价值。《诗经·大雅·文王》中说道：'为何不怀念你的先祖呢？先祖美好的德行值得称道和修习的啊！'"

孝经传曾

　　本章作为《孝经》的首篇，概括了全书的纲要，对孝的价值、内涵，以及表现形式都做了关键性的论述。首先，文中称孝是"至德要道"，即把孝的重要性抬到了一个至高无上的位置。接下来对孝的阐述则更为详尽：孝是人最基本的行为准则，同时又是教化产生的根本；遵行孝道首先要做的是爱惜父母赐予自己的躯体，只有这样才能推行道义，最终使自己名扬后世、光宗耀祖；行孝，在人生的三个阶段有三种不同的表现形式，人年轻的时候着重于陪侍长辈，中年的时候要为国效力，晚年则努力为践行道德发挥自我表率作用。

天子章第二

【原文】

子曰："爱亲者不敢恶于人，敬亲者不敢慢于人。爱敬尽于事亲，而德教加于百姓，刑于四海，盖天子之孝也。《甫刑》云：'一人有庆，兆民赖之。'"

【译文】

孔子说："敬爱自己父母的人，就不会憎恶他人的父母；尊重自己父母的人，也不会怠慢他人的父母。将关爱、尊敬父母作为行孝的原则，尽心尽力地侍奉自己的长辈，又将道德教化在百姓之中推行，使万民都遵循这样的法则，这正是天子应当遵行的孝道啊。《尚书·吕刑》中说道：'如果天子具有美好的品行，那么万民都会依附于他。'"

【鉴读】

本章谈到的是"天子之孝"。天子之孝的特殊性在于其表率作用。天子以身作则，尽心侍奉亲人，并在此基础上将其推行于天下，教化万民。此章首言敬爱亲人的人同样也会敬爱他人，由此可知，博爱广敬、推己及人才是孝道的真正意义。这也是古代帝王如此重视孝道的原因。

孝经·忠经

舜帝大孝克谐图

诸侯章第三

在上不骄，高而不危；制节谨度，满而不溢。高而不危，所以长守贵也；满而不溢，所以长守富也。富贵不离其身，然后能保其社稷而和其民人，盖诸侯之孝也。《诗》云："战战兢兢，如临深渊，如履薄冰。"

诸侯居众人之上的时候不应该骄纵，这样才能身居高位而又免除倾覆的危险；有规律地节制自己的生活，谨慎地衡量利害关系，这样才能保证财物充盈而不僭礼奢侈。身居高位而没有倾覆的危险，这是长久地守住尊贵地位的关键；财物充盈而不僭礼奢侈，这是长久地守住财富的关键。能够做到地位尊贵、财富丰厚，才能够保住江山社稷和黎民百姓，这正是诸侯应当遵行的孝道啊。《诗经·小雅·小旻》中说："小心谨慎、战战兢兢，犹如面临深潭、脚踩薄冰，唯恐灾难发生。"

　　本章谈到的是"诸侯之孝"。诸侯王上承天子,下辖人民,在国家的治理中扮演着非常重要的角色。诸侯之孝也体现了重要的价值,诸侯不可自恃尊位,挥霍无度,只有居安思危、权衡利弊、节制有度,才能长久地维护封国太平,庇佑百姓。诸侯之孝,就在于安守自己的封国,造福一方。

诸侯归禹

孝经·忠经

〇〇八

卿大夫章第四

【原文】

非先王之法服不敢服，非先王之法言不敢道，非先王之德行不敢行。是故非法不言，非道不行。口无择言，身无择行，言满天下无口过，行满天下无怨恶。三者备矣，然后能守其宗庙，盖卿大夫之孝也。《诗》云："夙夜匪懈，以事一人。"

【译文】

如果不是先代贤明的帝王制定的合乎礼法的朝服，卿大夫则不可以穿戴；不是先代贤明的帝王规定的合乎礼法的语言，卿大夫则不可以乱说；不是先代贤明的帝王推行的道德规范和行为准则，卿大夫则不可以妄为。因此卿大夫要做到不合乎礼法的言语不说，不合乎道德规范的事情不做。卿大夫需要提升自身的修为，做到开口说话时，无需斟酌也能使言谈合乎礼法；身体力行时，无需辨别也能使自己的行为不出格。如此一来，卿大夫的话语虽然广传天下却没有错误和不当之处，做过的事情人人皆知也并没有因此招来怨恨。卿大夫如果能做到使自身的服饰、语言和行为这三者都合乎礼义规范，就可以守护好自家的宗庙，延续后代。这正是卿大夫应遵从的孝道啊。《诗经·大雅·烝民》中说："从早到晚都孜孜不倦，只为侍奉天子一人。"

【鉴读】

　　本章谈到的是"卿大夫之孝"。与天子、诸侯相比，卿大夫是作为其左膀右臂而存在的。按照古代礼法，卿大夫也可享有自己独立的宗庙，祭祀先祖，只不过规格要比天子、诸侯王小。卿大夫要保住宗庙，就必须尽到自己的责任——上辅君王，下安百姓。因此，卿大夫在言行上就有许多准则：遵从先王之道，谨言慎行，树立口碑。这就是卿大夫之孝。另外，本章还谈到了服饰，服饰制度也是古代礼法的重要组成部分。

士章第五

资于事父以事母而爱同，资于事父以事君而敬同，故母取其爱而君取其敬，兼之者父也。故以孝事君则忠，以敬事长则顺。忠顺不失，以事其上，然后能保其禄位而守其祭祀，盖士之孝也。《诗》云："夙兴夜寐，无忝尔所生。"

【译文】

像侍奉父亲那样侍奉母亲，其关爱之心是一样的；像侍奉父亲那样侍奉君王，其尊敬之心也是一样的。所以对待母亲要表现出爱心，侍奉君王则要带着敬意，对待父亲时，需要同时具备爱心、敬意。因而以孝道为君王效命的人一定忠诚，以尊敬之心侍奉长辈的人一定恭顺。以忠诚、恭顺之心侍奉上级，这样就能保住自己的官禄和职位，进而维持对先祖的祭祀，这正是士人应遵从的孝道啊！《诗经·小雅·小宛》中说道："人应早起晚睡，勤奋自勉，不能让生养你的父母因你而受到屈辱。"

　　本章谈到的是"士之孝"。士阶层是古代社会的重要阶层，是孝道的主要承载群体。士人在孝敬父母的同时，又需要侍奉君王。在家中对待父母，更多的是需要充满爱心，而在外对待君王、上级，则更需要做到尊敬。这是在士人生活中推行孝所表现的两种不同形式。士人能遵从孝道，就能忠顺，就能保住官禄和祭祀。

忠孝尽礼

孝经·忠经

庶人章第六

【原文】

用天之道，分地之利，谨身节用以养父母，此庶人之孝也。故自天子至于庶人，孝无终始，而患不及者，未之有也。

【译文】

遵循自然的规律，分辨地理的利弊，慎言谨行，节俭有度，以此赡养父母，这正是普通人应遵从的孝道。所以从至高无上的天子到最底层的百姓，孝道对于众人而言都是必须遵循的。人在行孝时不能做到有始有终，而灾祸却没降临到他的头上，这是不曾有过的事情。

【鉴读】

本章谈到的是"庶人之孝"。庶人也就是普通百姓。他们需要做的就是依照天时、地利的规律，耕耘收获，在获得劳动成果之后节用自爱，这样才能赡养父母，尽庶人之孝。本章后半段作为对孝的总结，有承上启下的作用。通过此章，我们可以得知，上自天子，下至庶民，都应该尽自己当尽之责，行当行之孝，否则必将招来灾祸。

世享殷民图

三才章第七

【原文】

曾子曰："甚哉！孝之大也。"

子曰："夫孝，天之经也，地之义也，民之行也。天地之经而民是则之，则天之明、因地之利，以顺天下，是以其教不肃而成，其政不严而治。先王见教之可以化民也，是故先之以博爱而民莫遗其亲，陈之以德义而民兴行，先之以敬让而民不争，导之以礼乐而民和睦，示之以好恶而民知禁。《诗》云：'赫赫师尹，民具尔瞻。'"

【译文】

曾子说："太伟大了，孝道是何其广博啊！"

孔子说："孝道，就好比天体的运行、万物的生长一样，是人们最根本的自然品行。天地存在固有的自然规律，人们也因之创建了孝道，并将其视为自然的法则而遵循。贤人效法上天亘古不变的法则，利用大地四时变化的规律，并以此来主宰天下万物，使其顺利运作。因而对百姓的教化不必采用严苛的手段就能获得成功，政令不必严厉推行就能治理好国家。以前的贤君认识到教育在治理百姓过程中的作用，因此首先以博爱来对待百姓，人民因而不会遗弃自己的亲人；贤君给人民阐述道义，人民因而乐于奉行；贤君崇尚恭敬退让的美德，人民因而不会相互争斗；贤君推行礼乐制度，人民因而彼此和睦；贤君规定了是非美丑的界限，人民因而有所禁戒。《诗经·小雅·节南山》中说道：'庄严显赫的师尹啊，万民都景仰您。'"

【鉴读】

本章题为"三才"，三才即指"天、地、人"。本章从天地的角度对孝加以阐释，把孝放在了极为重要的位置上。犹如天地间星辰的运行、四时的变化一般，孝道同样也应当作为自然规律而存在。人们尊崇孝道，将其作为自身的行为准则，是天经地义的事。先王取法天地，推行孝道，显然对治理国家起到了重要的作用。然而读者需要注意的是，将孝道随意扩大化、客观化的做法是值得思考和商榷的。

孝治章第八

【原文】

子曰："昔者明王之以孝治天下也，不敢遗小国之臣，而况公、侯、伯、子、男乎？故得万国之欢心，以事其先王。治国者不敢侮于鳏寡，而况于士民乎？故得百姓之欢心，以事其先君。治家者不敢失于臣妾，而况于妻子乎？故得人之欢心，以事其亲。夫然，故生则亲安之，祭则鬼享之，是以天下和平，灾害不生，祸乱不作，故明王以孝治天下也如此。《诗》云：'有觉德行，四国顺之。'"

【译文】

孔子说："从前贤明的帝王凭借孝道来治理天下，即使是对待小国的属臣也没有遗弃，更何况是对公、侯、伯、子、男这五种等级的诸侯王呢？所以帝王才能赢得诸侯国的拥护，让他们侍奉先王。掌管封国的诸侯王，即使是对丧失妻子的男子和失去丈夫的妇人也不会轻慢，更何况是对士人和百姓呢？所以诸侯王才能赢得百姓的爱戴，让他们效忠诸侯王，祭祀其先

舜有臣五人而天下治

孝经·忠经

○一八

祖。管理自家封邑的卿大夫，即使是对家中的臣仆、奴婢也不会失于礼法，更何况是对妻子和儿女呢？所以卿大夫才能赢得民众的拥护，让民众都能孝敬自己的双亲。如果做到这样，那么父母亲安在的时候就能享受到安乐，逝世之后也能受到后辈的祭祀，天下因此太平无事，灾害不会发生，祸乱也不会产生。所以贤明的帝王都会像上述这般，以孝道治理天下。《诗经·大雅·卬》中说道：'天子的道德品行博大深厚，四方的国家都顺从而效仿。'"

【鉴读】

本章说的是君王以孝治国。孔子是周朝礼乐制度的积极倡议者，在提到以孝治国时，便说到了"先王"的经验，称其因为以孝治国而赢得了天下人的爱戴和拥护。当然，不论是天子、诸侯或是卿大夫，在推行孝道的时候，需要特别注意的就是孝的普及化，一个人在对待自己父母的时候，能尽一份孝心，但同时也应"老吾老，以及人之老"，这将更有意义。

圣治章第九

【原文】

　　曾子曰："敢问圣人之德，无以加于孝乎？"

　　子曰："天地之性人为贵。人之行莫大于孝，孝莫大于严父，严父莫大于配天，则周公其人也。昔者周公郊祀后稷以配天，宗祀文王于明堂以配上帝，是以四海之内各以其职来助祭，夫圣人之德，又何以加于孝乎？

【译文】

　　曾子说："我冒昧地请教老师，在圣人的品德中，没有比孝更伟大的吗？"

　　孔子说："天地之间，人最为高贵。人们的行为，最重要的莫过于遵守孝道了。在孝道当中，没有比尊敬自己的父亲更重要的，而尊敬父亲又比不上在祭天之时以先祖配祭，这种礼法则始于周公。以前，周公在郊外举行祭天仪式的时候将周代的祖先后稷配祭于天，在明堂举行宗庙祭祀的时候又将文王配祭于天。这样一来，四海之内的各个诸侯王都按照自己的职位等级前来参加祭祀。由此可知，在圣人的品德中，又有什么能比得上孝呢？

周公

周公告士图

【原文】

"故亲生之膝下，以养父母日严。圣人因严以教敬，因亲以教爱。圣人之教不肃而成，其政不严而治，其所因者本也。父子之道，天性也，君臣之义也。父母生之，续莫大焉；君亲临之，厚莫重焉。故不爱其亲而爱他人者，谓之悖德；不敬其亲而敬他人者，谓之悖礼。以顺则逆，民无则焉。不在于善而皆在于凶德，虽得之，君子不贵也。君子则不然，言思可道，行思可乐，德义可尊，作事可法，容止可观，进退可度。以临其民，是以其民畏而爱之，则而象之，故能成其德教而行其政令。《诗》云：'淑人君子，其仪不忒。'"

【译文】

"所以年幼的子女在父母膝下成长时，对父母的敬爱之心就逐渐萌生了；此后长大成人，则更加能懂得这种对父母的敬爱之情。圣人凭借子女对父母有发自内心的尊敬的缘故教导人民应敬重长辈，同时凭借子女对父母有亲情的缘故教育人民要懂得关爱父母。

圣人教化人民，不必采用严苛的手段就能成功，推行政令也不用采用严厉的方式就能做好，这是因为他们遵循了孝道的自然规律。父子之间的亲情关系和子女对父亲的敬重，就像君臣之间一样。父母生育子女以延续后代，没有比这更重大的事。父亲在子女面前犹如尊贵的君王，他们给予的厚爱没什么能够比得上。因此，身为子女，不亲近、关爱自己的双亲，却亲近、关爱其他不相关的人，这就叫作违背道德；不尊敬自己的双亲，却尊敬其他不相关的人，这就叫作违背礼法。如果用违背道德礼法的行为作为准则，去让人民顺从，那将会颠倒是非，人民也不会效法。不用善道教化人民，反而依靠违背道德礼法的方法治理天下，虽然有一时得志的可能，但君子对此不屑。君子的行为则不是如此，他们说话时必须考虑到所说的话要为人称道，做事时必须考虑到所做之事能让人高兴，他们的德行和道义能赢得人民的尊敬，他们的行为举止能够作为人民效法的榜样，他们的仪容装束要成为人们效法的典范，他们的进退举止合乎礼法规矩。以这样的方式来治理国家、管理百姓，民众都会敬畏、爱戴他，并以君王为榜样加以效法。因此贤明的君王能实现他的道德教化，使法令得以顺利施行。《诗经·曹风·鸤鸠》中说道：'善人君子重视礼法，仪容举止丝毫不差。'"

孝经·忠经

〇二四

与民同乐

【鉴读】

　　本章可以分为两段，从"曾子曰"至"又何以加于孝乎"为第一段，从"故亲生之膝下"以下为第二段。第一段阐述圣人之德是孝。文中以周公配祭为例，来说明孝道是圣人安抚四方最重要的品德；第二段讲述圣人以孝作为治国的最高准则的道理。圣人之所以要用推行孝道的方式来治理国家，其关键在于身为子女都有敬爱父母的天性，也是因为这一本性，圣人就可以将孝道推行开来，使君臣有礼，万民和睦。倘若违背道德、礼法，不遵循孝道，就会是非不分，百姓将无所适从。这种方式可能会获得一时之成功，却无异于自断前路，君子对此是不屑的。君子之道，在于"言思可道"等诸类符合孝的品德，并且能以身作则，以此治理国家。

孝经·忠经

〇二五

【原文】

子曰："孝子之事亲也，居则致其敬，养则致其乐，病则致其忧，丧则致其哀，祭则致其严。五者备矣，然后能事亲。事亲者居上不骄，为下不乱，在丑不争。居上而骄则亡，为下而乱则刑，在丑而争则兵。三者不除，虽日用三牲之养，犹为不孝也。"

【译文】

孔子说："孝子侍奉双亲，在平常居家时，要竭力表达出对父母的恭敬；在供养饮食时，要表现出自己发自内心的愉快；父母生病时，要为此感到极度忧虑；父母去世时，要充分地表达出哀痛之情；祭祀的时候，要表现得庄严肃穆。这五个方面都能做到完备齐全，才称得上对父母尽了应尽的孝道。在侍奉父母时，身居高位不应骄纵恣意，处于下位也不可犯上作乱，地位卑贱不和人争斗。身居高位却骄纵恣意就会自取灭亡，处在下位而犯上作乱就会遭受刑罚，地位卑贱而争斗不止就会造成互相残杀。如果这三种恶行

送慈柩故乡全孝道

送慈柩故乡全孝道

不消除，即便是每天用牛肉、羊肉、猪肉三种美味食物供养父母，也不能说是孝顺。"

【鉴读】

　　本章谈到了怎样做才算是真正的孝的问题。每天用牛肉、羊肉、猪肉这"三牲"美味来侍奉父母就能称作孝敬吗？其实不然。在侍奉父母时，应抱着自然而然的、发自内心的敬爱之情，竭力行孝，唯恐父母有病，唯恐父母不悦。此外，身为孝子，自己更应注重看似与供养父母无直接关联但其实也是在间接地行孝的行为，如"居上不骄，为下不乱，在丑不争"。否则，必然会招致灾祸，倘若身死，那么又如何行孝呢？

孝经·忠经

五刑章第十一

子曰："五刑之属三千，而罪莫大于不孝。要君者无上，非圣人者无法，非孝者无亲。此大乱之道也。"

【译文】

孔子说："可以处以墨、宫、剕、刖、大辟这五种刑罚的罪有三千多种，但最大的罪莫过于不孝。以暴力要挟君王的人，眼里没有君王的存在；非议、责难圣人的人，眼里没有法纪的存在；斥责、反对行孝的人，眼里没有父母的存在。这三等人是天下大乱的根源所在。"

【鉴读】

本章谈到的是不孝之罪。不孝之人，甚至比被处以"五刑"的罪犯更可恶。因为他们目无君王、目无法纪、目无双亲，这三种行为罪大恶极，是社会大乱的根源。

孝经·忠经

○二九

广要道章第十二

【原文】

　　子曰："教民亲爱莫善于孝，教民礼顺莫善于悌，移风易俗莫善于乐，安上治民莫善于礼。礼者敬而已矣。故敬其父则子悦，敬其兄则弟悦，敬其君则臣悦，敬一人而千万人悦。所敬者寡而悦者众，此之谓要道也。"

【译文】

　　孔子说："教导百姓相亲相爱，没有比提倡孝道更好的了。教导百姓恭顺有礼，没有比让他们遵从自己的兄长更好的了。改变风气、制定新法，没有比音乐教化更好的了。使君王安心、百姓顺从，没有比礼教更好的了。所谓礼教，说到底就是敬爱。所以尊敬父亲，他的儿子就会高兴；尊敬兄长，他的弟弟就会高兴；尊敬君王，他的臣下就会高兴；尊敬一个人，而千万人都能因此感到高兴。所尊敬的虽然只是少数几个人，然而为此高兴的人却有许多。这就是孝道成为'要道'的关键缘由啊。"

　　本章是对孝道作为"要道"的重要阐述。首章所谓"先王有至德要道"，即以孝治国之道。孝在治国安民中的作用异常突出，原因在于爱护他人的父母，则能使他人感到高兴；尊敬君王一人，则能使许多人因此而高兴。这样，孝的意义将被无限放大，这也正是孝道之所以可以成为"要道"的原因。

彬彬有礼

孝经·忠经

〇三一

广至德章第十三

子曰："君子之教以孝也，非家至而日见之也。教以孝，所以敬天下之为人父者也；教以悌，所以敬天下之为人兄者也；教以臣，所以敬天下之为人君者也。《诗》云：'恺悌君子，民之父母。'非至德，其孰能顺民如此其大者乎？"

孔子说："君子用孝道来教化人民，并不是要一家一户地宣传且每天当面指导。君子以孝道教化人民，使得天下做父亲的都能享受到别人的尊敬；君子以悌道教化人民，使得天下做兄长的都能享受到别人的尊敬；君子以臣道教化人民，使得天下的君王都能享受到别人的尊敬。《诗经·大雅·泂酌》中说道：'和悦平易的君子，是人民的父母。'如果缺少至高至善的品德，又有谁能够令天下万民归顺而显得伟大呢？"

前章谈到了孝道可以被无限放大的特点。本章对此又做了进一步的阐述。所谓君子用孝道教化人，并不需要挨家挨户地逢人便宣传，因为这无疑是杯水车薪。君子首先需要做的，就是尊敬天下的父亲、兄长和君王，只要以身作则，遵行孝悌、君臣之道，就可以赢得天下人的瞩目，使万民敬仰。

孝敬父母

孝经·忠经

〇三三

【原文】

子曰："君子之事亲孝，故忠可移于君；事兄悌，故顺可移于长；居家理，故治可移于官。是以行成于内，而名立于后世矣。"

【译文】

孔子说："君子能够孝敬父母，所以也能够将对父母的孝心转化为侍奉君主的忠心；君子能尊敬兄长，所以也能将对兄长的尊敬转化为对长辈的敬顺；君子能处理好家务事，因此也能够将处理家事的方法转移到处理国家大事上。所以能够在家里行孝悌之道、处理好家务事的人，他的名声就会显扬于外而且名传后世。"

【鉴读】

本章与前文的关系紧密，可以和前几章放在一起理解。君子恪守"至德要道"，从而能从侍奉双亲上升到侍奉君王，从尊敬兄长上升到尊敬上级，从治一家上升到治一国。因而，孝道的精神更易被人接受，君子也可以因此而扬名后世。所以本章题为《广扬名章》。

君则敬，臣则忠

谏争章第十五

【原文】

曾子曰："若夫慈爱恭敬、安亲扬名则闻命矣，敢问子从父之令，可谓孝乎？"

子曰："是何言与，是何言与？昔者，天子有争臣七人，虽无道不失其天下；诸侯有争臣五人，虽无道不失其国；大夫有争臣三人，虽无道不失其家；士有争友，则身不离于令名；父有争子，则身不陷于不义。故当不义，则子不可以不争于父，臣不可以不争于君。故当不义则争之，从父之令又焉得为孝乎？"

【译文】

曾子说："做到了慈爱恭敬、安亲扬名，就听闻了天命，我斗胆地问一句，做儿子的一味地听从父亲的命令，那就能称得上是孝吗？"

孔子说："这是什么话！这是什么话！以前，天子身边如果有七名敢于进谏的大臣，即使这个天子昏

父母有过，也要敢于婉言相劝

庸无道，也不会失去天下；诸侯如果有五名直言敢谏的臣子，即使昏庸也不会失去他的封国；一个大夫如果有三名敢于直言的臣属，即使昏庸也不会失去自己的家业；士人如果有一个敢直言相劝的好友，就不会失去美好的名声；父亲如果有个敢于相劝的儿子，就不会使自己陷于不义的境地。所以当遇到不符合道义的事情时，作为儿子的不能不去和父亲相争，作为臣子的不能不去和君主相争。因此当遇到不符合道义的事情时，儿子要敢于和父亲相争，一味地听父亲的命令，又怎么能称得上是孝呢？"

【鉴读】

本章谈到了对孝应持的态度，是对孝的辩证思考。诚然，在父母面前一味地顺从，就意味着可能随时会颠倒是非、违背义理；在君王面前唯唯诺诺、谄媚奉承，也自然不会有好结果。因此，君子在尽孝之时，需要有难能可贵的判别能力，一次激烈的劝谏可能会挽救不必要的损失。

应感章第十六

【原文】

　　子曰："昔者明王事父孝，故事天明；事母孝，故事地察；长幼顺，故上下治；天地明察，神明彰矣。故虽天子，必有尊也，言有父也；必有先也，言有兄也。宗庙致敬，不忘亲也；修身慎行，恐辱先也。宗庙致敬，鬼神著矣，孝悌之至，通于神明，光于四海，无所不通。《诗》云：'自西自东，自南自北，无思不服。'"

【译文】

　　孔子说："以前，贤明的帝王能孝敬父亲，因此能够在侍奉、祭祀上天时明白上天覆庇万物的道理；他能孝敬母亲，因此能在祭祀大地时明白大地孕育万物的道理；长幼之间和谐有序，上上下下的关系就能处理好；天地之神明察天子的孝行，就会显灵赐福于他。因此即便是天子，也有需要去尊敬的人，这说的就是他的父亲；也会有比他先出生的人，这说的就是他的兄长。帝王祭祀宗庙，表达敬意，说明他没有忘记自己的亲人；帝王修身养性，谨慎做事，是恐怕自

君王祭祀图

已有所偏失而使祖先受辱。帝王到宗庙祭祀，鬼神就能享受到祭品。帝王对父母长辈十分孝顺，就能通达神明，他的贤明仁孝就会传遍四海，任何地方都能感应到。正如《诗经·大雅·文王有声》中说的：'从西向东，从南到北，没有人不敬服的。'"

【鉴读】

本章论述的是孝的神圣功用。文中说到君主在行孝时能够明白万物的道理，其效用也将远远超越一般人行孝道的效用，并达到一种"孝悌之至，通于神明，光于四海，无所不通"的境界。显然，此章带有古人显著的神权意识。其章名为《应感章》，无非也是要强调天子之孝在整个国家中至关重要的影响力，不过能否像文中所说的那样感动神明，那就另当别论了。

事君章第十七

孝经·忠经

【原文】

　　子曰："君子之事上也，进思尽忠，退思补过，将顺其美，匡救其恶，故上下能相亲也。《诗》云：'心乎爱矣，遐不谓矣。中心藏之，何日忘之？'"

【译文】

　　孔子说："君子侍奉君主，在朝为官就时刻想着如何尽忠职守；不担任官职还想着怎么去弥补君王的过失，对君王的美德就加以发扬，对君王的缺点就匡正补救、直言劝谏，所以君王与臣子的关系才能相亲相敬。《诗经·小雅·隰桑》上说：'一个人心中要有爱君之心，无论双方相隔多远，都能想着侍奉君主，怎有忘记的那一天？'"

【鉴读】

　　本章言君子事君之道。前文已提及，对于孝应当辩证地看待。君子在侍奉君主的时候，更应体会到这一点。一方面，君子应尽忠职守，竭力为君王分担忧愁，称赞君王的美德。另一方面，君子要善于劝谏，匡正错误，弥补君王的过失。相亲相敬的君臣关系才是健康而长久的，这也是值得君子学习的正确的事君之道。

谏太宗十思疏

丧亲章第十八

【原文】

子曰:"孝子之丧亲也,哭不偯,礼无容,言不文,服美不安,闻乐不乐,食旨不甘,此哀戚之情也。三日而食,教民无以死伤生,毁不灭性,此圣人之政也。丧不过三年,示民有终也。为之棺椁、衣衾而举之,陈其簠簋而哀戚之,擗踊哭泣,哀以送之,卜其宅兆而安措之,为之宗庙以鬼享之,春秋祭祀以时思之。生事爱敬,死事哀戚,生民之本尽矣,死生之义备矣,孝子之事亲终矣。"

【译文】

孔子说:"孝子在父母去世的时候,会声嘶力竭地痛哭,言行举止也不似往日端庄,言语也不再有文采,会因为穿了华美的衣服而惴惴不安,听到音乐也不会觉得快乐,吃那些美味的食物也不觉得好吃,这就是子女在失去父母时所表现出来的哀伤情绪。父母逝世后三天,孝子就要吃东西,这是因为要教导人们不能因为亲人的逝去而损伤生者的身体,不能因为过

孝经·忠经

〇四五

亲丧致哀

度哀伤而泯灭了人的天性，这也是圣人的为政之道。守孝不超过三年，这是要告诉人们居丧也有停止的一天。办理丧事的时候，生者为死去的亲人准备棺材、外棺，以及死者所要穿的衣服、要用的被褥，并将衣服、被褥放于棺内；生者要将簠簋等祭奠器具陈列于灵堂之上，以表达自己的哀思；送殡时，送葬的人要捶胸顿足，号啕大哭，直到将棺材运到下葬的地方；生者要为死者所葬的地方进行占卜，根据占卜的吉凶来决定下葬的地点，并且在墓地旁兴建庙宇，使死者的亡灵能够享受到生者的祭祀；生者要在春秋两季进行祭祀，以表达对逝者的思念。父母在世时，子女要爱父母、尊敬父母；父母去世时，子女要怀着悲戚的心情办好丧事；父母在世时，子女尽到自己的本分和义务；

治任别归

孝经·忠经

父母去世后，子女料理好父母的后事，这样就算是完成了孝子侍奉父母的义务了。"

[鉴读]

　　本章是本书的最后一章，讲述的是孝子应行的"丧亲之礼"。丧礼是古人极为重视的礼仪，对待亲人的逝去，孝子应充分地表达出内心的哀痛之情，声嘶力竭地痛哭，三日而食、丧不过三年等诸多的礼法都是孝子需要恪守的。借此类礼法，可以表达出生者对死者的哀思之情，同时也传达给生者"丧而有终"的意义。接下来，孝子需要按照丧礼的一系列程序，如入殓、供祭、哭送、卜墓、落葬、入宗庙和春秋祭祀等，来尽孝子的义务。文中最后的几句，"生事爱敬，死事哀戚，生民之本尽矣，死生之义备矣，孝子之事亲终矣"，则为古人对生死的重要思考，也可以算作对全书的总结。

忠 经 序

（东汉）马融

【题解】

　　本篇旧题东汉马融撰，又有东汉经学家郑玄注，实际上经和注如出一手。《四库提要》依据《后汉书·马融传》和宋以前的目录学著作皆不著录此篇，论定"其为宋代伪书"；清代学者丁晏又以其中讳"治"为"理"、讳"民"为"人"及"臣融岩野之臣"等叙述，论定其"为唐人所撰"；今姑从旧题。通观全篇，其文拟《孝经》为十八章，分别阐述了上自圣君、冢臣、百工，下至守宰、兆民等不同层次之人尽忠的内容；同时还具体论述了政理、武备、观风、扬圣、忠谏等不同情况之事尽忠的方法，目的是要达到"忠兴于身，养于家，成于国"的境界。这里的"忠"特指忠君，属封建糟粕，但也不乏对为官者应尽心竭力、忠于职守的训导，所以仍有借鉴意义。本篇原文据《津逮秘书》录出。

【原文】

　　《忠经》者，盖出于《孝经》也[1]。仲尼说孝者所以事君之义[2]，则知孝者，俟忠而成之，所以答君亲之恩，明臣子之分。忠不可废于国，孝不可弛于家。孝既有经，忠而犹阙。故述仲尼之说，作《忠经》焉。

【注释】

〔1〕《孝经》：宣传封建孝道和孝治思想的儒家经典。有今文、古文两本，今文本称郑玄所注，分十八章；古文本称孔安国所注，分二十二章。孔注本亡于梁，隋刘炫伪作孔注传世。

〔2〕仲尼：即孔仲尼、孔丘、孔子，仲尼为其字。

【今译】

《忠经》这部书，是根据《孝经》写出来的。孔子认为，孝义是侍奉君主的根本，人知道了孝义，同样也就懂得了忠贞，并能明白如何报答君主的恩德、恪守作臣子的本分。治国讲究忠贞，治家提倡孝义。提倡孝义已有《孝经》为典范，而讲究忠贞的还没有出现。因此祖述孔子的思想学说，作《忠经》一篇。

【原文】

今皇上含庖、轩之姿〔1〕，韫勋、华之德〔2〕，弼贤俾能，无远不举。忠之与孝，天下攸同。臣融岩野之臣，性则愚朴，沐浴德泽。其可默乎！作为此经，庶少裨补。虽则辞理薄陋，不足以称焉。忠之所存，存于劝善。劝善之大，何以加于忠孝者哉！夫定高卑以章目，引《诗》《书》以明纲[3]。吾师于古，曷敢徒然？其或异同者，变易之宜也。或对之以象其意，或迁之以就其类，或损之以简其文，或益之以备其事，以忠应孝，亦著为十有八章，所以洪其至公，勉其至诚。信本为政之大体，陈事君之要道。始于立德，终于成功，此《忠经》之义也。谨序。

【注释】

〔1〕庖、轩：即伏羲和黄帝。伏羲，又名庖牺。相传他始画八卦，教百姓捕鱼畜牧，以充庖厨。黄帝，姓公孙，居轩辕之丘，号轩辕氏。

〔2〕勋、华：即尧和舜。尧，姓伊祁，名放勋，号陶唐氏。舜，姓姚，名重华，号有虞氏。尧和舜都是古史相传的圣明之君。

〔3〕《诗》：《诗经》。《书》：《尚书》。

【今译】

当今皇上具有伏羲、黄帝的雄姿，兼具唐尧、虞舜的美德，使贤明之人受到重用，无论远边近处都得到了抚育。忠贞与孝义，天下之人要永远同守。臣下马融是一个山野岩居不起眼儿的小臣，天性愚蠢厚朴，但深受着皇上的德化和恩惠，怎敢默默不语呢？写作此《忠经》，对天下多少是会有补益的。虽然书的言辞、道理浅显，不值得受到称颂，但却涵盖了忠贞之意、劝善之意。劝善是个大事，但无论如何也不及忠贞和孝义！这里以地位的高卑为次序安排篇章节目，援引《诗经》《尚书》以显明纲领。我是以古人为师范，岂敢无根无据的虚造？凡其中和古人之意有不同之处，那也是按实际事理应当变易的。有时和古人之意相同来明确其意，有时稍做更改来成就其一类，有时删减耗损来简要其文字，有时增加补益来完备其事理，目的在于以《忠经》和《孝经》相对应，因此也写成十八章，借此来宏大极公正之道，劝勉人们真实忠诚。忠信是立国治国的根本，是臣下侍奉君主的关键。人只有从树立德行开始，才能获得最终的成功，这也是我撰写《忠经》的本意。谨序。

天地神明章第一

【原文】

　　昔在至理，上下一德，以徵天休，忠之，道也。天之所覆，地之所载，人之所履，莫大乎忠。忠者，中也，至公无私。天无私，四时行；地无私，万物生；

人无私，大亨贞。忠也者，一其心之谓矣。为国之本，何莫由忠。忠能固君臣，安社稷[1]，感天地，动神明，而况于人乎？夫忠，兴于身，著于家，成于国，其行一焉。是故一于其身，忠之始也；一于其家，忠之中也；一于其国，忠之终也。身一，则百禄至；家一，则亲和；国一，则万人理。《书》云："惟精惟一，允执厥中。"[2]

【今译】

古时最好的治理之道，是上下同心同德，以此来获得天赐的福佑，也就是以忠贞为根本的准则。上天所覆盖的，大地所承载的，人们所履践的，没有比忠贞更大、更重要的了。忠的本意就是中，意思是极公正无私心。上天没有私心，所以春夏秋冬四季按序运行；大地没有私心，所以万事万物得以生存；人若没有私心，就能得到大吉大利的回报。所谓忠，是指一

孝经·忠经

心一意。立国治国的根本，为什么要在于忠呢？原因在于忠可以使君臣之间的关系更坚固，使国家长治久安，并可以感动天地、感化神明，更何况对人的好处呢？一个人自身懂得忠贞，在家能治好家，在国也能成就大事，所以人们的言行必须专一忠贞。自身专一忠贞，只是忠的初级阶段；对家专一忠贞，也不过是忠的中级阶段；只有对国专一忠贞，才是忠的最高境界。一人自身懂得尽忠，可以任官得俸禄；一家人懂得尽忠，可以使全家亲密和睦；全国人懂得尽忠，可以使举国上下安定有序。《尚书》中说："精一地恪守专一，诚信地保持中道。"

圣君章第二

【原文】

　　惟君以圣德，监于万邦。自下至上，各有尊也。故王者，上事于天，下事于地，中事于宗庙[1]。以临于人，则人化之，天下尽忠，以奉上也。是以兢兢戒慎，日增其明，禄贤官能，式敷大化，惠泽长久，万民咸怀。故得皇猷丕丕，行于四方，扬于后代，以保社稷，以光祖考，

尽圣君之忠也。《诗》云：“昭事上帝，聿怀多福。”〔2〕

【注释】

〔1〕宗庙：天子、诸侯祭祀祖先的处所。因封建帝王把天下据为一家所有，世代相传，故以宗庙作为王室、国家的代称。

〔2〕此句出自《诗经·大雅·大明》，原句为：“维此文王，小心翼翼。昭事上帝，聿怀多福。”

【今译】

君主帝王以圣明之德统治着全国，但自下层百姓到上层官僚，对君主帝王要各行其尊。帝王的职责既要对上侍奉天神，又要对下侍奉神灵，还要治理国家，统领所有的人民，人民也因此得以教化，所以人们都必须竭尽忠心来侍奉居于统治地位的君主。但只要君主能小心戒慎从事，也一定会更加贤明。只要君主能任贤任能，施行仁政教化，广布恩惠德泽，黎民百姓就一定会怀德归顺。因此君主最大的策略，在于如何使仁政施行于四方，宣扬于后代，以保国家长治久安，并光宗耀祖，这也是作为圣明君主的忠贞所在。《诗经》中说：“君主以明德侍奉天，天会以多福赐予君主。”

冢臣章第三

【原文】

为臣事君，忠之本也，本立而化成。冢臣于君，可谓一体，下行而上信，故能成其忠。夫忠者，岂惟奉君忘身，徇国忘家，正色直辞，临难死节已矣！在乎沉谋潜运，正国安人，任贤以为理，端委而自化。尊其君，有天地之大，日月之明，阴阳之和，四时之信，圣德洋溢，颂声作焉。《书》云："元首明哉，股肱良哉，庶事康哉！"[1]

【注释】

[1]此句出自《尚书·益稷》，意思是说君明则臣良，臣良则事康。

【今译】

作为臣子而侍奉君主，最根本的是忠贞，只有以忠贞为本才能教化成功。大臣和一国之君主，是一个不可分割的整体，对于臣子的所作所为，君主能够信任，臣子才能够尽忠。所谓尽忠，不只是为君主而舍生忘身、为国家而弃亲忘家、遇事而色正辞直地进谏、君主遭难而以死明节义等，关键是要替君主筹划并施行治国良策，使国家兴旺、百姓安宁，起用贤能之人治理一方，以使君主垂手而治。大臣尊敬君主，可使皇恩广布天地之间，日月更加明亮，阴阳相互调和，春夏秋冬四时依序运转。一旦君主的圣明之德广泛传播，歌颂赞扬的声音就会四处兴起。《尚书》中说："君主圣明啊！大臣贤良啊！万事安康啊！"

百工章第四

[原文]

有国之建，百工惟才[1]，守位谨常，非忠之道。故君子之事上也，入则献其谋，出则行其政，居则思其道，动则有仪。秉职不回，言事无惮，苟利社稷，则不顾其身。上下用成，故昭君德，盖百工之忠也。《诗》曰："靖共尔位，好是正直。"[2]

【注释】

〔1〕百工：即百官，谓官数有百，亦泛指众官。

〔2〕此句出自《诗经·小雅·小明》，原句为："嗟尔君子，无恒安息。靖共尔位，好是正直。神之听之，介尔景福。"

【今译】

国家设官府置百官，但百官要唯才是任，若百官只身居官位而谨守常规，这并不是尽忠之道。因此君子侍奉上级，进见君主则进献自己的谋略，执行公务则施行在上的仁政，安居则思考治理之道，行动则符合各种礼仪。坚守职责不违背成规，谈及事情没有任何畏惧，如果对国家有利，就不顾自己的安危，和上下之人尽心去完成任务，以此使君主的恩德更加广泛，这才是作为百官的忠贞所在。《诗经》中说："恭敬可以成其位，正直可以献良策。"

守宰章第五

【原文】

在官惟明，莅事惟平，立身惟清。清则无欲，平则不曲，明能正俗，三者备矣，然后可以理人。君子尽其忠能，以行其政令，而不理者，未之闻也。夫人莫不欲安，君子顺而安之；莫不欲富，君子教而富之。笃之以仁义，以固其心；导之以礼乐，以和其气。宣君德，以弘大其化，明国法，以至于无刑；视君之人，如观乎子，则人爱之，如爱其亲。盖守宰之忠也。《诗》云："岂弟君子，民之父母。"〔1〕

【注释】

〔1〕此句出自《诗经·大雅·泂酌》。岂弟：恺悌，和乐简易。

【今译】

为官贵在贤明，做事贵在公正，立身贵在清平。清平则无私欲，公正则不曲意承顺，贤明则能匡正风俗，为官者只有具备清平、公正、贤能三种品质，才能治理好一方百姓。为官者竭尽自己的忠心和能力来推行政策法令，却还未能治理好一方，那是从来没有听说的事。老百姓没有不想安乐的，那当官的就顺着民意让其安乐；老百姓没有不想富裕的，那当官的就设法教导让其富裕，同时还要以仁义使其厚实，借此来稳固民心；以礼乐作为引导，使人知道和睦。宣扬君主明德来宏大教化，严明国家法令以至不用刑罚；对待君主所统治的百姓，就像关照自己的子女一样，如此才能受到人民爱戴，并像爱戴他们的亲人一般。这才是作为一方之官的忠贞所在。《诗经》中说："守官和乐简易，爱百姓如父母爱子。"

兆人章第六

【原文】

天地泰宁，君子之德也，君德昭明，则阴阳风雨以和，人赖之而生也。是故祗承君之法度，行孝悌于其家，服勤稼穑，以供王赋，此兆人之忠也。《书》云："一人元良，万邦以贞。"[1]

【注释】

〔1〕此句出自《尚书·太甲下》，原句为："呜呼！弗虑胡获？弗为胡成？一人元良，万邦以贞。"

【今译】

普天之下安宁太平，是当官者的贤德所致。只要君主的恩德彰明广大，就能阴阳调和、风调雨顺，百姓也赖此而生存。因此百姓一定要尊敬君主并恪守法度，以孝悌之道治家理家，努力劳动搞好生产，为国家纳税，如此才是百姓的忠贞所在。《尚书》中说："君主以善行治理百姓，百姓以忠贞拥戴君主。"

政理章第七

【原文】

夫化之以德，理之上也，则人日迁善而不知。施之以政，理之中也，则人不得不为善。惩之以刑，理之下也，则人畏而不敢为非也。刑则在省而中，政则在简而能，德则在博而久。德者，为理之本也，任政非德，则薄；任刑非德，则残。故君子务于德，修于政，谨于刑。固其忠，以明其信，行之匪懈，何不理之人乎？《诗》云："敷政优优，百禄是遒。"〔1〕

【注释】

〔1〕此句出自《诗经·商颂·长发》，原句为："不竞不绿，不则不柔。敷正优优，百禄是遒。"

【今译】

　　用德行来教化臣民，是治理国家的上策，因为人们在不知不觉中一天天改恶从善。实施一些仁政，是治理国家的中策，因为人们在仁政的引导下而不得不从善。用刑罚来惩处，是治理国家的下策，因为人们由于畏惧被惩罚而不敢干坏事。用刑罚来治理则在于人们在畏惧中反省、检查，用仁政来治理则在于人们要自己去选择能与不能，用德行来治理则在于人们长期以来受到了博施。德行是治理的根本，施政不讲德行则轻薄，用刑不讲德行则残酷。因此自古以来君子都注重德行的培养，推广仁政，慎用刑罚。只要努力尽忠以表信任，坚持不懈地去做，哪还会有不能治理之人呢？《诗经》中说："施以宽和之政令，就聚积各种各样的福禄。"

武备章第八

【原文】

　　王者立武，以威四方，安万人也，淳德布洽戎夷[1]。禀命统军之帅，仁以怀之，义以厉之，礼以训之，信以行之，赏以劝之，刑以严之，行此六者，谓之有利。故得帅，尽其心，竭其力，致其命，是以攻之则克，守之则固，武备之道也。

《诗》云："赳赳武夫，公侯干城。"[2]

【注释】

〔1〕戎夷：戎，在古代泛指我国西部的少数民族。夷，在古代泛指我国东部的少数民族。

〔2〕此句出自《诗经·周南·兔罝》，原句为："肃肃兔罝，椓之丁丁。赳赳武夫，公侯干城。"干城：守卫，捍御。

【今译】

国家之所以要建立军队，目的在于向四方邻邦显威，使百姓们安居，也是为了用敦厚的德行对戎夷进行感化。受命统率军队的将帅对戎夷则要用仁惠来使他们归附，并用恩义鼓励他们，用礼仪训导他们，用诚信教育他们，用封赏激励他们，用刑罚严治他们，推行以上这六种策略，都是有百利而无一害的。因此只要使上下军士尽其忠心，竭其全力，并努力效命，以此军队出战，攻打则获胜，退守则坚固，这就是治军之道。《诗经》中说："雄壮勇武的军队，方能承担捍御重任。"

观风章第九

【原文】

惟臣，以天子之命，出于四方，以观风。听不可以不聪，视不可以不明。聪则审于事，明则辨于理，理辨则忠，事审则分。君子去其私，正其色，不害理以伤物，不惮势以举任。惟善是与，惟恶是除。以之而陟则有成，以之而克则无怨，夫如是，则天下敬职，万邦以宁。《诗》云："载驰载驱，周爰谘诹。"[1]

【注释】

[1]此句出自《诗经·小雅·皇皇者华》，原句为："我马维驹，六辔如濡。载驰载驱，周爰谘诹。"谘诹（zōu）：征求，询问。

【今译】

大臣奉天子之命，察访全国各地了解民情。所以听觉不可以不灵敏，观察了解不可以不清楚。因为听力灵敏则能分清事由，视觉敏锐则能明辨道理。明辨道理才能尽忠，分清事由才能公正。好的使臣做事大公无私，公正处事，不损害公理、毁伤他人，举荐任用也不受势力左右。因此能见善就宣扬，见恶就根除。由于他的作为而得以进升则能成就大事，由于他的作为而被处罚则也无怨无悔。如果都能如此，那么天下所有的人就会各尽其职，国家也就会安宁了。《诗经》中说："使臣辛苦勤劳的工作，为的是深入了解民情。"

保孝行章第十

【原文】

夫惟孝者，必贵本于忠。忠苟不行，所率犹非道。是以忠不及之，而失其守，匪惟危身，辱其亲也。故君子行其孝，必先以忠，竭其忠，则福禄至矣。故得尽爱敬之心，则养其亲，施及于人，此之谓保孝行也。《诗》云："孝子不匮，永锡尔类。"〔1〕

【注释】

〔1〕此句出自《诗经·大雅·既醉》，原句为："威仪孔时，君子有孝子。孝子不匮，永锡尔类。"锡（xī）：与，赐给。

【今译】

　　孝子的孝行，最重要的是尽忠。如果孝子不做尽忠之事，那其孝行大概也不合道义。因为不尽忠就会失其操守，不但对本人有害，还连累亲人受辱。所以贤明之人行孝是先尽其忠，只有竭其忠心才能有福有禄。因此人们一定要用爱敬之心去侍养父母亲，并将此心施予所有的人，这才叫保守孝行之道。《诗经》中说："孝子尽其孝诚之心，福禄就会永远伴随。"

广为国章第十一

【原文】

　　明主之为国也，任于政[1]，去于邪。邪则不忠，忠则必正，有正然后用其能。是故师保道德[2]，股肱贤良。内睦以文，外戚以武，被服礼乐，提防政刑。故得大化兴行，蛮夷率服，人臣和悦，邦国平康。此君能任臣，下忠上信之所致也。《诗》云："济济多士，文王以宁。"[3]

【注释】

〔1〕政：通"正"。

〔2〕师保：古时辅导和协助帝王的官有师有保，统称师保。

〔3〕此句出自《诗经·大雅·文王》。文王：指周文王。

【今译】

圣明的君主治理国家，以正直之人为官，并远离奸邪之人。奸邪之人肯定不会为国家尽忠，而为国家尽忠的人肯定是正直之人，只有具备了正直的品德才会有真正的能力。因此师保有道德观念，大臣贤能正直，就能对内教化而和睦，对外用武而归附，使大家知道礼乐，并用政令刑罚预防。这样的话，就能使教化兴旺盛行，周边各族人竞相归服，众官与百姓和悦相处，举国上下安宁康乐。如此这是因为君主能任人唯贤，在下尽忠而在上诚信的缘故。《诗经》中说："因为有众多的贤士，文王得以安享天下。"

广至理章第十二

【原文】

古者圣人以天下之耳目为视聪，天下之心为心，端旒而自化[1]，居成而不有，斯可谓致理也已矣。王者思于至理，其远乎哉？无为，而天下自清；不疑，而

天下自信；不私，而天下自公。贱珍，
则人去贪；彻侈，则人从俭；用实，则
人不伪；崇让，则人不争。故得人心和平，
天下淳质，乐其生，保其寿，优游圣德，
以为自然之至也。《诗》云："不识不知，
顺帝之则。"〔2〕

【注释】

〔1〕旒（liú）：古代帝王所戴冕冠上前后垂挂的玉串。
〔2〕此句出自《诗经·大雅·皇矣》，原句为："帝
谓文王，予怀明德，不大声以色，不长夏以革，不识不知，
顺帝之则。"

【今译】

　　古时的圣贤之人以天下所有人的耳目来倾听察
看，以天下所有人的心为公心来体会，因此，君主头
上的帽子无须动一下，国家就得到治理；即使成功了，
也不归功于自己。这也是达到最完美政治的关键所在。
作为君主一心想着以最完美的政治为准则，那距离最
完美的政治就不会太遥远了！君主无须教化，天下之
人自我清静；君主不疑惑，天下之人自我诚信；君主
公正无私，天下之人自我正直。只要君主鄙视珍宝，
那么在下的人们就会不贪财物；君主根除奢侈，那么
在下的人们就会崇俭节约；君主大力务实，那么在下

的人们就会不作假造伪；君主崇尚谦让，那么在下的人们就会见利不争不抢。因此人心平和，天下所有人淳厚质朴，都能乐其生业，保其寿福，悠闲自得而品德优秀，只有顺其自然，教化才能达到这种程度。《诗经》中说："虽然在不知不觉之中，但也要遵循自然法则。"

扬圣章第十三

【原文】

君德圣明，忠臣以荣；君德不足，忠臣以辱。不足则补之，圣明则扬之，古之道也。是以虞有德，咎繇歌之[1]；文王之道，周公颂之[2]；宣王中兴，吉甫咏之[3]。故君子，臣盛明之时，必扬之，盛德流满天下，传于后代，其忠矣夫。

【注释】

〔1〕虞：即虞舜。咎繇：即舜之臣皋陶，掌管刑法狱讼。
〔2〕文王：即周文王，姓姬，名昌，周武王之父。周公：姓姬，名旦，周文王之子，辅佐周武王灭殷纣，建立周王朝，被封于鲁。
〔3〕宣王：姓姬，名静，周厉王之子，在位时用仲山甫、

尹吉甫、方叔、召虎等，北伐猃狁，南征荆蛮、淮夷、徐戎。旧史称为中兴。吉甫：即周宣王卿士尹吉甫。

【今译】

　　君主之德圣明，忠臣也因此光荣；君主之德残缺，忠臣也因此受辱。君主的才德不足，忠臣们应该设法弥补，那圣明之德就会得到宣扬，这是自古以来的做法。虞舜有圣明之德，皋陶便作诗歌颂；周文王治理有方，周公就大加赞扬；周宣王时国家中兴，尹吉甫以诗咏唱。因此只要国君之德圣明，大臣一定会宣扬，并使圣明之德誉满天下，流芳百世，这就是大臣尽忠的好处。

辨忠章第十四

【原文】

　　大哉！忠之为道也，施之于迩，则可以保家邦；施之于远，则可以极天地。故明王为国，必先辨忠。君子之言，忠而不佞；小人之言，佞而似忠，而非闻之者，鲜不惑矣。忠而能仁，则国德彰；忠而能知，则国政举；忠而能勇，则国难清。故虽有其能，必曰忠而成也。仁而不忠，则私其恩；智而不忠，则文其诈；勇而不忠，则易其乱，是虽有其能，以不忠而败也。此三者，不可不辨也。《书》云："旌别淑慝。"[1] 其是谓乎。

【注释】

[1] 此句出自《尚书·毕命》，原句为："旌别淑慝，表厥宅里，彰善瘅恶，树之风声。"淑慝（tè）：善恶。

【今译】

人们如果能遇事尽忠，就眼前而言，可以保家卫国；从长远看，可以感天动地。因此圣明的君主治理国家，首先是辨清忠良。贤能之人的言论，忠直而不巧言取宠；奸邪之人的言论，因是花言巧语而看起来既忠且直但事实上并非如此，初听之人没有不被迷惑的。人们若都忠直且仁义，那国家肯定兴旺；人们若都忠直且知礼，那国家的政令肯定能够实施；人们若都忠直且勇敢，那国难肯定可以清除。所以人们即使具备了才能，也只有通过忠直来成就大事。人们若是懂仁义而不忠直，那就会因私利而感恩；若是有才智而不忠直，那就会用才智掩盖自己的欺诈行为；若是只勇敢而不忠直，那就会轻易作乱。所以人们即使具备了才能，也会因为不忠直而一败涂地。因此这三者不可不分辨清楚。《尚书》中说："善恶既别而任使不谬。"

忠谏章第十五

【原文】

忠臣之事君也，莫先于谏，下能言之，上能听之，则王道光矣。谏于未形者，上也；谏于已彰者，次也；谏于既行者，下也。违而不谏，则非忠臣。夫谏，始于顺辞，中于抗议，终于死节，以成君休，以宁社稷。《书》云："惟木从绳则正，后从谏则圣。"〔1〕

【注释】

〔1〕此句出自《尚书·说命上》。后：古代天子和列国诸侯都称后。

【今译】

忠臣侍奉君主，最首要的是诤谏。在下之官能直言诤谏，而在上之人能择善采纳，帝王之道就前途光明了。在下对在上的诤谏最好是在事情没办并且未形成损失之前，其次是在已暴露出缺点错误时诤谏，再次是在已造成损失时诤谏。因怕违背在上之意而不敢诤谏，那就不是忠良之臣。忠臣最初诤谏时言辞尚顺情而发，往后便是直言反对，最终是以死相谏，并以此来成就君主之善，使国家安宁。《尚书》中说："绳直可以正木，忠臣可以正主。"

证应章第十六

【原文】

惟天鉴人，善恶必应。善莫大于作忠，恶莫大于不忠。忠则福禄至焉，不忠则刑罚加焉。君子守道，所以长守其休；小人不常，所以自陷其咎。休咎之徵也，不亦明哉？《书》云："作善降之百祥，作不善降之百殃。"[1]

【注释】

[1] 此句出自《尚书·伊训》，原句为："惟上帝不常，作善降之百祥，作不善降之百殃。"

【今译】

上天监督着人们的所作所为，善有善报，恶有恶报，皆很灵验。善报中最灵验的莫过于尽忠之事，而恶报中最灵验的也莫过于不忠之事。人们竭尽忠心去做事则福禄不请自到，而做事不竭尽忠心则刑罚会降到其身。贤明之人固守道义，所以能永保善美；奸邪之人没有常心，所以才自陷其咎。善恶吉凶之类报应，不是明摆着的吗？《尚书》中说："作善事，则吉祥到；做坏事，则灾祸到。"

报国章第十七

【原文】

为人臣者，官于君，先后光庆，皆君之德，不思报国，岂忠也哉？君子有无禄，而益君，无有禄，而已者也。报国之道有四：一曰贡贤，二曰献猷〔1〕，三曰立功，四曰兴利。贤者国之干，猷者国之规，功者国之将，利者国之用，是皆报国之道，惟其能而行之。《诗》云："无言不酬，无德不报。"〔2〕况忠臣之于国乎？

【注释】

〔1〕猷（yóu）：谋划。

〔2〕此句出自《诗经·大雅·抑》，原句为："无言不酬，无德不报。惠于朋友，庶于小人。"

【今译】

作为一个在君主手下当官的人，他既可光宗耀祖又可福及子孙，这些都是因为受了君主的恩德，若再不想着报效国家，哪能叫忠臣呢？贤明之人有的没有俸禄还想着做些对国君有益的事，他们不管是否有俸禄都是如此。作为官员有四种报效国家之道：一是选拔贤能之人并任以职，二是向君主进献谋略，三是建立功勋，四是为国家增加收入。因为贤能之人是国家的栋梁，好的谋略是国家的规则，建立功勋是国家的良将，增加收入是国家的财源，这些都是报效国家之道，我们应量力而行。《诗经》中说："每一言要答复，每一德要回报。"

尽忠章第十八

【原文】

天下尽忠，淳化行也。君子尽忠，则尽其心，小人尽忠，则尽其力。尽力者，则止其身，尽心者，则洪于远。故明王之理也，务在任贤，贤臣尽忠，则君德广矣。政教以之而美，礼乐以之而兴，刑罚以之而清，仁惠以之而布。四海之内，有太平音，嘉祥既成，告于上下，是故播于《雅》《颂》[1]，传于无穷。

【注释】

〔1〕《雅》《颂》：《诗经》中《雅》与《颂》的合称。《诗经》有六义：风、赋、比、兴、雅、颂，后用以称盛世之乐。

【今译】

天下所有人都竭尽忠心办事，敦厚的教化就会盛行。君子尽忠，在于尽其心之力，小人尽忠，在于尽其身之力，尽其身之力者影响只是本身，而尽其心之力者影响既大且远。因此圣明君主治理天下，首要任务是任贤为官，因为贤明之官尽忠，可以使君主之德得以推广，政教更加完美，礼乐更加兴旺，刑罚更加清简，仁惠更加广大，四海之内，安宁太平。吉祥符瑞已经形成，便可告于天地之神了，因此被载入《雅》《颂》之章，得以永远流传下去。

孝经·忠经

〇七八

附录

唐玄宗御注《孝经》

序

朕闻上古，其风朴略。虽因心之孝已萌，而资敬之礼犹简。及乎仁义既有，亲誉益著。圣人知孝之可以教人也，故"因严以教敬，因亲以教爱"。于是以顺移忠之道昭矣，立身扬名之义彰矣。子曰："吾志在《春秋》，行在《孝经》。"是知孝者德之本欤。

经曰："昔者明王之以孝治天下也，不敢遗小国之臣，而况于公、侯、伯、子、男乎？"朕尝三复斯言，景行先哲。虽无德教加于百姓，庶几广爱刑于四海。

嗟乎！夫子没而微言绝，异端起而大义乖。况泯绝于秦，得之者皆烬燼之末。滥觞于汉，传之者皆糟粕之馀。故鲁史《春秋》，学开五传。《国风》《雅》《颂》，分为四诗，去圣逾远，源流益别。近观《孝经》旧注，踳驳尤甚。至于迹相祖述，殆且百家。业擅专门，犹将十室。希升堂者，必自开户牖；攀逸驾者，必骋殊轨辙。是以道隐小成，言隐浮伪。且传以通经为义，义以必当为主。至当归一，精义无二。安得不剪其繁芜，而撮其枢要也？

韦昭、王肃，先儒之领袖；虞翻、刘劭，抑又次焉。刘炫明安国之本，陆澄讥康成之注。在理或当，何必求人？今故特举六家之异同，会五经之旨趣。约文敷畅，义则昭然。分注错经，理亦条贯。写之琬琰，庶有补（于）将来。

且夫子谈经，志取垂训。虽五孝之用则别，而百行之源不殊。是以一章之中，凡有数句；一句之内，意有兼明。具载则文繁，略之又义阙。今存于疏，用广发挥。

开宗明义章第一

仲尼居,

【注】仲尼,孔子字。居,谓闲居。

曾子侍。

【注】曾子,孔子弟子。侍,谓侍坐。

子曰:"先王有至德要道,以顺天下,民用和睦,上下无怨。汝知之乎?"

【注】孝者,德之至,道之要也。言先代圣德之主,能顺天下人心,行此至要之化,则上下臣人,和睦无怨。

曾子避席曰:"参不敏,何足以知之?"

【注】参,曾子名也。礼,师有问,避席起答。敏,达也。言参不达,何足知此至要之义?

子曰:"夫孝,德之本也,

【注】人之行莫大于孝,故为德本。

教之所由生也。

【注】言教从孝而生。

复坐,吾语汝。

【注】曾参起对,故使复坐。

身体发肤，受之父母，不敢毁伤，孝之始也；

【注】父母全而生之，己当全而归之，故不敢毁伤。

立身行道，扬名于后世，以显父母，孝之终也。

【注】言能立身行此孝道，自然名扬后世，光显其亲，故行孝以不毁为先，扬名为后。

夫孝，始于事亲，中于事君，终于立身。

【注】言行孝以事亲为始，事君为中。忠孝道著，乃能扬名荣亲，故曰终于立身也。

《大雅》云：'无念尔祖？聿修厥德！'"

【注】《诗·大雅》也。无念，念也。聿，述也。厥，其也。义取恒念先祖，述修其德。

天子章第二

子曰："爱亲者不敢恶于人，

【注】博爱也。

敬亲者不敢慢于人。

【注】广敬也。

爱敬尽于事亲，而德教加于百姓，刑于四海，

【注】刑，法也。君行博爱广敬之道，使人皆不慢恶其亲，则德教加被天下，当为四夷之所法则也。

盖天子之孝也。

【注】盖，犹略也。孝道广大，此略言之。

《甫刑》云：'一人有庆，兆民赖之。'"

【注】《甫刑》，即《尚书·吕刑》也。一人，天子也。庆，善也。十亿曰兆。义取天子行孝，兆人皆赖其善。

诸侯章第三

在上不骄，高而不危；

【注】诸侯，列国之君，贵在人上，可谓高矣。而能不骄，则免危也。

制节谨度，满而不溢。

【注】费用约俭谓之制节，慎行礼法谓之谨度。无礼为骄，奢泰为溢。

高而不危，所以长守贵也；满而不溢，所以长守富也。富贵不离其身，然后能保其社稷而和其民人，盖诸侯之孝也。

【注】列国皆有社稷，其君主而祭之。言富贵常在其身，则长为社稷之主，而人自和平也。

《诗》云："战战兢兢，如临深渊，如履薄冰。"

【注】战战，恐惧。兢兢，戒慎。临深恐坠，履薄恐陷。义取为君恒须戒慎。

卿大夫章第四

　　非先王之法服不敢服，

【注】服者，身之表也。先王制五服，各有等差。言卿大夫遵守礼法，不敢僭上逼下。

　　非先王之法言不敢道，非先王之德行不敢行。

【注】法言，谓礼法之言。德行，谓道德之行。若言非法，行非德，则亏孝道，故不敢也。

　　是故非法不言，非道不行。

【注】言必守法，行必遵道。

　　口无择言，身无择行，

【注】言行皆遵法道，所以无可择也。

　　言满天下无口过，行满天下无怨恶。

【注】礼法之言，焉有口过。道德之行，自无怨恶。

　　三者备矣，然后能守其宗庙，盖卿大夫之孝也。

【注】三者，服、言、行也。礼，卿大夫立三庙，以奉先祖。言能备此三者，则能长守宗庙之祀。

《诗》云："夙夜匪懈，以事一人"。

【注】夙，早也。懈，惰也。义取为卿大夫能早夜不惰，敬事其君也。

士章第五

资于事父以事母而爱同，资于事父以事君而敬同，

【注】资，取也。爱父与母同，敬父与君同。

故母取其爱而君取其敬，兼之者父也。

【注】言事父兼爱与敬也。

故以孝事君则忠，

【注】移事父孝以事于君，则为忠矣。

以敬事长则顺。

【注】移事兄敬以事于长，则为顺矣。

忠顺不失，以事其上，然后能保其禄位而守其祭祀，盖士之孝也。

【注】能尽忠顺以事君长。则常安禄位，永守祭祀。

《诗》云："夙兴夜寐，无忝尔所生。"

【注】所生，谓父母也。义取早起夜寐，无辱其亲也。

庶人章第六

用天之道，

【注】春生、夏长、秋敛、冬藏，举事顺时，此用天道也。

分地之利，

【注】分别五土，视其高下，各尽所宜，此分地利也。

谨身节用以养父母，

【注】身恭谨则远耻辱，用节省则免饥寒，公赋既足则私养不阙。

此庶人之孝也。

【注】庶人为孝，唯此而已。

故自天子至于庶人，孝无终始，而患不及者，未之有也。

【注】始自天子，终于庶人，尊卑虽殊，孝道同致，而患不能及者，未之有也。言无此理，故曰未有。

三才章第七

曾子曰："甚哉！孝之大也。"

【注】参闻行孝无限高卑，始知孝之为大也。

子曰："夫孝,天之经也,地之义也,民之行也。

【注】经,常也。利物为义。孝为百行之首,人之常德。若三辰运天而有常,五土分地而为义也。

天地之经而民是则之。

【注】天有常明,地有常利,言人法则天地,亦以孝为常行也。

则天之明、因地之利,以顺天下,是以其教不肃而成,其政不严而治。

【注】法天明以为常,因地利以行义,顺此以施政教,则不待严肃而成理也。

先王见教之可以化民也,

【注】见因天地教化,民之易也。

是故先之以博爱而民莫遗其亲,

【注】君爱其亲,则人化之,无有遗其亲者。

陈之以德义而民兴行,

【注】陈说德义之美,为众所慕,则人起心而行之。

先之以敬让而民不争,

【注】君行敬让,则人化而不争。

导之以礼乐而民和睦，

【注】礼以检其迹，乐以正其心，则和睦矣。

示之以好恶而民知禁。

【注】示好以引之，示恶以止之，则人知有禁令，不敢犯也。

《诗》云：'赫赫师尹，民具尔瞻。'"

【注】赫赫，明盛貌也。尹氏为太师，周之三公也。义取大臣助君行化，人皆瞻之也。

孝治章第八

子曰："昔者明王之以孝治天下也，

【注】言先代圣明之王，以至德要道化人，是为孝理。

不敢遗小国之臣，而况公、侯、伯、子、男乎？

【注】小国之臣，至卑者耳，主尚接之以礼，况于五等诸侯，是广敬也。

故得万国之欢心，以事其先王。

【注】万国，举其多也。言行孝道，以理天下，皆得欢心，则各以其职来助祭也。

治国者不敢侮于鳏寡，而况于士民乎？

【注】理国，谓诸侯也。鳏寡，国之微者，君尚不敢轻侮，况知礼义之士乎？

故得百姓之欢心，以事其先君。

【注】诸侯能行孝理，得所统之欢心，则皆恭事助其祭享也。

治家者，不敢失于臣妾，而况于妻子乎？

【注】理家，谓卿大夫。臣妾，家之贱者。妻子，家之贵者。

故得人之欢心，以事其亲。

【注】卿大夫位以材进，受禄养亲，若能孝理其家，则得小大之欢心，助其奉养。

夫然，故生则亲安之，祭则鬼享之，

【注】夫然者，上孝理皆得欢心，则存安其荣，没享其祭。

是以天下和平，灾害不生，祸乱不作，

【注】上敬下欢，存安没享，人用和睦，以致太平，则灾害祸乱，无因而起。

故明王之以孝治天下也如此。

【注】言明王以孝为理，则诸侯以下化而行之，故致如此福应。

《诗》云：'有觉德行，四国顺之。'"

【注】觉，大也。义取天子有大德行，则四方之国顺而行之。

圣治章第九

曾子曰："敢问圣人之德，无以加于孝乎？"

【注】参问明王孝理以致和平，又问圣人德教更有大于孝不？

子曰："天地之性人为贵。

【注】贵其异于万物也。

人之行莫大于孝，

【注】孝者，德之本也。

孝莫大于严父，

【注】万物资始于乾，人伦资父于天。故孝行之大，莫过尊严其父也。

严父莫大于配天，则周公其人也。

【注】谓父为天，虽无贵贱，然以父配天之礼始自周公，故曰其人也。

昔者周公效祀后稷以配天，

附录

○九○

【注】 后稷，周之始祖也。郊谓圜丘祀天也。周公摄政，因行郊天之祭，乃尊始祖以配之也。

宗祀文王于明堂以配上帝，

【注】 明堂，天子布政之宫也。周公因祀五方上帝于明堂，乃尊文王以配之也。

是以四海之内各以其职来助祭，

【注】 君行严配之礼，则德教刑于四海。海内诸侯，各修其职来助祭也。

夫圣人之德，又何以加于孝乎?

【注】 言无大于孝者。

故亲生之膝下，以养父母日严。

【注】 亲，犹爱也。膝下，谓孩幼之时也。言亲爱之心，生于孩幼。比及年长，渐识义方，则日加尊严，能致敬于父母也。

圣人因严以教敬，因亲以教爱。

【注】 圣人因其亲严之心，敦以爱敬之教。故出以就傅，趋而过庭，以教敬也;抑搔痒痛，县衾箧枕，以教爱也。

圣人之教不肃而成，其政不严而治，

【注】 圣人顺群心以行爱敬，制礼则以施政教，亦不待严肃而成理也。

其所因者本也。

【注】本谓孝也。

父子之道，天性也，君臣之义也。

【注】父子之道，天性之常，加以尊严，又有君臣之义。

父母生之，续莫大焉；

【注】父母生子，传体相续。人伦之道，莫大于斯。

君亲临之，厚莫重焉。

【注】谓父为君，以临于己。恩义之厚，莫重于斯。

故不爱其亲而爱他人者，谓之悖德；不敬其亲而敬他人者，谓之悖礼。

【注】言尽爱敬之道，然后施教于人，违此则于德礼为悖也。

以顺则逆，民无则焉。

【注】行教以顺人心，今自逆之，则下无所法则也。

不在于善而皆在于凶德，

【注】善，谓身行爱敬也。凶，谓悖其德礼也。

虽得之，君子不贵也。

【注】言悖其德礼，虽得志于人上，君子之不贵也。

君子则不然，

【注】不悖德礼也。

言思可道，行思可乐，

【注】思可道而后言，人必信也。思可乐而后行，人必悦也。

德义可尊，作事可法，

【注】立德行义，不违道正，故可尊也；制作事业，动得物宜，故可法也。

容止可观，进退可度，

【注】容止，威仪也，必合规矩，则可观也；进退，动静也，不越礼法，则可度也。

以临其民。是以其民畏而爱之，则而象之，

【注】君行六事，临抚其人，则下畏其威，爱其德，皆放象于君也。

故能成其德教而行其政令。

【注】上正身以率下，下顺上而法之，则德教成，政令行也。

《诗》云：'淑人君子，其仪不忒。'"

【注】淑，善也。忒，差也。义取君子威仪不差，为人法则。

纪孝行章第十

子曰："孝子之事亲也，居则致其敬，

【注】平居必尽其敬。

养则致其乐，

【注】就养能致其欢。

病则致其忧，

【注】色不满容，行不正履。

丧则致其哀，

【注】擗踊哭泣，尽其哀情。

祭则致其严。

【注】斋戒沐浴，明发不寐。

五者备矣，然后能事亲。

【注】五者阙一，则未为能。

事亲者，居上不骄，

【注】当庄敬以临下也。

为下不乱，

【注】当恭谨以奉上也。

在丑不争。

【注】丑，众也。争，竞也。当和顺以从众也。

居上而骄则亡，为下而乱则刑，在丑而争则兵。

【注】谓以兵刃相加。

三者不除，虽日用三牲之养，犹为不孝也。"

【注】三牲，太牢也，孝以不毁为先。言上三事皆可亡身，而不除之，虽日致太牢之养，固非孝也。

五刑章第十一

子曰："五刑之属三千，而罪莫大于不孝。"

【注】五刑，谓墨、劓、刖、宫、大辟也。条有三千，而罪之大者，莫过不孝。

要君者无上，

【注】君者，臣之禀命也，而敢要之，是无上也。

非圣人者无法，

【注】圣人制作礼乐，而敢非之，是无法也。

非孝者无亲。

【注】善事父母为孝，而敢非之，是无亲也。

此大乱之道也。"

【注】言人有上三恶，岂唯不孝，乃是大乱之道。

广要道章第十二

子曰："教民亲爱莫善于孝，教民礼顺莫善于悌，

【注】言教人亲爱礼顺，无加于孝悌也。

移风易俗莫善于乐，

【注】风俗移易，先入乐声。变随人心，正由君德。正之与变，因乐而彰。故曰莫善于乐。

安上治民莫善于礼，

【注】礼所以正君臣、父子之别，明男女、长幼之序，故可以安上化下也。

礼者敬而已矣。

【注】敬者，礼之本也。

故敬其父则子悦，敬其兄则弟悦，敬其君则臣悦，敬一人而千万人悦。所敬者寡，而悦者众，此之谓要道也。"

【注】居上敬下，尽得欢心，故曰悦也。

广至德章第十三

子曰："君子之教以孝也，非家至而日见之也。

【注】言教不必家到户至，日见而语之。但行孝于内，其化自流于外。

教以孝，所以敬天下之为人父者也；教以悌，所以敬天下之为人兄者也；

【注】举孝悌以为教，则天下之为人子弟者，无不敬其父兄也。

教以臣，所以敬天下之为人君者也。

【注】举臣道以为教，则天下之为人臣者，无不敬其君也。

《诗》云：'恺悌君子，民之父母。'非至德，其孰能顺民如此其大者乎？"

【注】恺，乐也。悌，易也。义取君以乐易之道化人，则为天下苍生之父母也。

广扬名章第十四

子曰："君子之事亲孝，故忠可移于君；

【注】以孝事君则忠。

事兄悌，故顺可移于长；

【注】以敬事长则顺。

居家理，故治可移于官。

【注】君子所居则化，故可移于官也。

是以行成于内，而名立于后世矣。"

【注】修上三德于内，名自传于后代。

谏争章第十五

曾子曰："若夫慈爱恭敬、安亲扬名则闻命矣，敢问子从父之令，可谓孝乎？"

【注】事父有隐无犯，又敬不违，故疑而问之。

子曰："是何言与，是何言与？

【注】有非而从，成父不义，理所不可，故再言之。

昔者，天子有争臣七人，虽无道不失其天下；诸侯有争臣五人，虽无道不失其国；大夫有争臣三人，虽无道不失其家；

【注】降杀以两，尊卑之差。争，谓谏也。言虽无道，为有争臣，则终不至失天下、亡家国也。

士有争友，则身不离于令名；

【注】令，善也。益者三友，言受忠告，故不失其善名。

父有争子，则身不陷于不义。

【注】父失则谏，故免陷于不义。

故当不义，则子不可以不争于父，臣不可不争于君。故当不义则争之，从父之令又焉得孝乎？"

【注】不争则非忠孝。

应感章第十六

子曰："昔者明王事父孝，故事天明；事母孝，故事地察；

【注】王者父事天，母事地，言能敬事宗庙，则事天地能明察也。

长幼顺，故上下治；

【注】君能尊诸父，先诸兄，则长幼之道顺，君人之化理。

天地明察，神明彰矣。

【注】事天地能明察，则神感至诚而降福佑，故曰彰也。

故虽天子，必有尊也，言有父也；必有先也，言有兄也。

【注】父谓诸父，兄谓诸兄，皆祖考之胤也。礼，君宴族人，与父兄齿也。

宗庙致敬，不忘亲也；

【注】言能敬事宗庙，则不敢忘其亲也。

修身慎行，恐辱先也。

【注】天子虽无上于天下，犹修持其身，谨慎其行，恐辱先祖而毁盛业也。

宗庙致敬，鬼神著矣，

【注】事宗庙能尽敬，则祖考来格，享于克诚。故曰著也。

孝悌之至，通于神明，光于四海，无所不通。

【注】能敬宗庙，顺长幼，以极孝悌之心，则至性通于神明，光于四海，故曰"无所不通"。

《诗》云：'自西自东，自南自北，无思不服。'"

【注】义取德教流行，莫不服义从化也。

事君章第十七

子曰："君子之事上也，

【注】上，谓君也。

进思尽忠，

【注】进见于君，则思尽忠节。

退思补过，

【注】君有过失，则思补益。

将顺其美，

【注】将，行也。君有美善，则顺而行之。

匡救其恶，

【注】匡，正也。救，止也，君有过恶，则正而止之。

故上下能相亲也。

【注】下以忠事上，上以义接下。君臣同德，故能相亲。

《诗》云：'心乎爱矣，遐不谓矣。中心藏之，何日忘之？'"

【注】遐，远也。义取臣心爱君，虽离左右，不谓为远。爱君之志，恒藏心中，无日暂忘也。

丧亲章第十八

子曰："孝子之丧亲也，

【注】生事已毕，死事未见，故发此章。

哭不偯，

【注】气竭而息，声不委曲。

礼无容,

【注】触地无容。

言不文,

【注】不为文饰。

服美不安,

【注】不安美饰,故服缞麻。

闻乐不乐,

【注】悲哀在心,故不乐也。

食旨不甘,

【注】旨,美也。不甘美味,故疏食水饮。

此哀戚之情也。

【注】谓上六句。

三日而食,教民无以死伤生,毁不灭性,此圣人之政也。

【注】不食三日,哀毁过情,灭性而死,皆亏孝道,故圣人制礼施教,不令至于陨灭。

丧不过三年,示民有终也。

【注】三年之丧,天下达礼,使不肖企及,贤者俯从。夫孝子有终身之忧,圣人以三年为制者,使人知有终竟之限也。

为之棺椁、衣衾而举之，

【注】周尸为棺，周棺为椁。衣，谓敛衣。衾，被也。举，谓举尸内于棺也。

　　陈其簠簋而哀慼之，

【注】簠簋，祭器也。陈奠素器而不见亲，故哀戚也。

　　擗踊哭泣，哀以送之，

【注】男踊女擗，祖载送之。

　　卜其宅兆而安措之，

【注】宅，墓穴也。兆，茔域也。葬事大，故卜之。

　　为之宗庙以鬼享之，

【注】立庙祔祖之后，则以鬼礼享之。

　　春秋祭祀以时思之。

【注】寒暑变移，益用增感，以时祭祀，展其孝思也。

　　生事爱敬，死事哀戚，生民之本尽矣，死生之义备矣，孝子之事亲终矣。"

【注】爱敬哀戚，孝行之始终也。备陈死生之义，以尽孝子之情。

世范（节选）

　　《世范》又名《俗训》，写于南宋淳熙五年，即公元1178年，作者袁采。据说，此人秉性刚正，为官廉明，颇有政绩。本书是袁采为子孙所作的家训。和宋代以前的家训相比，此书更有其独特的人伦学价值。以往家训大多意求"典正"，而该书却一反前人之见，立意"训俗"，作者对子孙的告诫训导涉及家庭、邻里关系等许多细微之处。作者之所以最初将其取名为《俗训》，即明确表达了该书"厚人伦而美习俗"的宗旨。

　　《世范》包含丰富的家庭伦理教化和社会教化思想，在许多方面都将中国古代家庭教育和训俗的内容、方法提高到一个新的高度。本书在中国家训发展史上占有重要的地位，被后人誉为"《颜氏家训》之亚"，对如今的道德文明建设具有很高的借鉴价值。

睦亲

性格不可强求一致

【原文】

　　人之至亲，莫过于父子兄弟。而父子兄弟有不和者，父子或因于责善，兄弟或因于争财。有不因责善、争财而不和者，世人见其不和，或就其中分别是非，而莫名其由。盖人之性，或宽缓，或褊急，或刚暴，或柔懦，或严重，或轻薄，或持检，或放纵，或喜闲静，或喜纷挐，或所见者小，或所见者大，所禀自是不同。父必欲子之性合于己，子之性未必然；兄必欲弟之性合于己，弟之性未必然。其性不可得而合，则其言行亦不可得而合，此父子兄弟不和之根源也。况凡临事之际，一以为是，一以为非，一以为当先，一以为当后，一以为宜急，一以为宜缓，其不齐如此。若互欲同于己，必致于争论，争论不胜，至于再三，至于十数，则不和之情自兹而启，或至于终身失欢。若悉悟此理，为父兄者通情于子弟，而不责子弟之同于己；为子弟者，仰承于父兄，而不望父兄惟己之听，则处事之际，必相和协，无乖争之患。孔子曰："事父母几谏，见志不从，又敬不违，劳而无怨。"此圣人教人和家之要术也，宜孰思之。

【译文】

人的亲属中，最亲的莫过于父子和兄弟。然而父子与兄弟也有不和睦的，父与子之间（父亲对孩子）或者因为求全责备，兄与弟之间或者因为相互争夺家产。有的父子之间、兄弟之间并没有求全责备、争夺财产，却也很不和睦，周围的人看见他们不和，有的便想从中分辨是非，但是他们不明白其中的道理。人的性情，有的宽容和缓，有的偏颇急躁，有的刚戾粗暴，有的柔弱儒雅，有的严肃庄重，有的轻浮浅薄，有的克制检点，有的放肆纵情，有的喜欢娴雅恬静，有的喜欢纷纷扰扰，有的人见识短浅，有的人见识广博，各自的性格各不相同。父亲如果一定要强迫子女合于自己的性格，而子女则未必是那个样子；兄长如果一定要强迫弟弟合于自己的脾气，而弟弟也未必如此。他们的性格不可能做到相合，那么他们的言语与行动也不可能相合，这就是父与子、兄与弟不和睦的最根本原因。况且一般面临一件事情时，一方认为正确，一方认为错误，一方觉得应当先做，一方认为应当后做，一方以为应该急，一方以为应该缓，观点不同竟然是这个样子。如果彼此都想要求对方和自己的观点相同，这样必然会导致争吵与论辩，争吵、论辩不分胜负，以至于少则三番五次，多则十次八次，那么不和自此就会产生，有的竟到了一生失去和睦的地步。如果大家都能明白这个道理，父亲和兄长对子女与弟弟通情达理，且不苛求他们与自己意见相同；做子女和弟弟的，恭敬地追随着父兄，却并不期望父兄只听取自己的意见，那么在处理事情的时候，必定相互协商，这样就没有纷争的祸患。孔子说："对待父母，屡次婉言劝谏，看到自己的意见不被采纳，还必须恭恭敬敬，不违背父母的意愿，仍然在做事的时候无怨无悔。"这就是圣人教给人们和家的重要方法，我们应认真思考。

人的年龄、性格、阅历不同，做事方式也不相同。任何人都不应将自己的看法强加给他人。在家庭中、社会上，我们都应该以欣赏的眼光去看待别人，只要他人的观点、做法不是错的，我们都应以宽厚的胸怀去接纳。这样，我们不但会拥有良好的人际关系，还能在他人身上学到好的东西补益自身。当然，凡事都应该有度。不"强合于己"，并不是意味着要去顺从、迎合别人，重要的是学会沟通，懂得求同存异。

在漫长的封建社会里，"父父，子子，君君，臣臣"都有严格的界限，父为子纲，君为臣纲，不可越雷池一步。"性不可以强合"，如此开明的观点出现在宋代，足见袁采在家庭观念上的超前意识。

人宜将心比心

【原文】

人之父子，或不思各尽其道，而互相责备者，尤启不和之渐也。若各能反思，则无事矣。为父者曰："吾今日为人之父，盖前日尝为人之子矣。凡吾前日事亲之道，每事尽善，则为子者得于见闻，不待教诏而知效。倘吾前日事亲之道有所未善，将以责其子，得不有愧于心？"为子者曰："吾今日为人之子，则他日亦当为人之父。今吾父之抚育我者如此，畀付我者如此，亦云厚矣。他日吾之待其子，不异于吾之父，则可以俯仰无愧。若或不及，非惟有负于其子，亦何颜以见其父？"然世之善为人子者，常善为人父；不能孝其亲者，常欲虐其子。此无他，贤者能自反，则无往而不善；不贤者不能自反，为人子则多怨，为人父则多暴。然则自反之说，惟贤者可以语此。

【译文】

父与子之间，有的彼此不思考自己的职责，却责备对方，这是导致父子不和的根源。如果父与子各自都能反思一下自己，就会相安无事。做父亲的应这样说："我现在为人父亲，从前曾经是别人的儿子。我原来侍奉父母的原则是每事要尽善尽美，那么做子女的就会有所闻见，不等做父亲的去教导就会明白怎样去对待父母了。倘若我过去侍奉父母未能尽善尽美，（如今）却去责备孩子不能做到这些，难道不有愧于自己的良心吗？"做儿子的应该这样说："我今天是别人的儿子，日后肯定会做他人的父亲。今日我的父亲这样尽心尽力地抚养培育我，并且为我付出许多心血，可以称得上厚爱了。日后我对待自己的子女，只有做到与我父亲待我的程度一样，才可以无愧于自己的良心。如果做不到这些，不仅仅有负于子女，又有什么颜面去见父亲呢？"世上善于做儿子的人，常常也善于做父亲；不能够孝顺其双亲的，也常会虐待其子女。这其中没有别的道理，贤达的人能够反省自己，做事就会少出差错；不贤达的人不能反省自己，做儿子就多怨恨，做父亲则多暴戾。如此看来，自省的道理只有贤达的人才可以谈论。

　　"换位思考"是如今谈论较多的话题。在与人相处时，我们应该遵循这样的原则，在家庭中亦是如此。然而，由于血缘因素的存在，家庭关系成了一种较为特殊的社会关系。因此，很多时候我们在与家人相处时忽略了技巧和必要的逻辑。"己所不欲，勿施于人"，将心比心，懂得了这样的道理，我们才会将我们的"避风港湾"装点得更为美丽，才会拥有一个更为温馨、和谐的生活氛围。

随时疏解，方为忍之高境

【原文】

　　人言："居家久和者，本于能忍。"然知忍而不知处忍之道，其失尤多。盖忍或有藏蓄之意。人之犯我，藏蓄而不发，不过一再而已。积之既多，其发也，如洪流之决，不可遏矣。不若随而解之，不置胸次。曰：此其不思尔。曰：此其无知尔。曰：此其失误尔。曰：此其所见者小尔。曰：此其利害宁几何？不使之入于吾心，虽日犯我者十数，亦不至形于言而见于色，然后见忍之功效为甚大，此所谓善处忍者。

【译文】

　　人们常说："家庭能长久和睦的根本原因，在于能够忍耐。"然而只知忍耐而不明白如何去忍耐，其中的失误会更多。大概忍耐中有的具有隐藏蓄积的意思在内。别人冒犯了我，我埋藏隐蔽而不表露，这种做法仅适用于一两次罢了。积蓄的越多，发泄之时，越像洪流决口，不可遏止。不如将愤懑随时发泄，随时调解，不存留于胸中为好。（并且要学会自己安慰自己，不妨对自己）说：他这样做是没有经过深思熟虑。他这样做是因为无知。他这样做是失误所致的。他这样做是因为其自身见识狭窄。他这样做对我来说又有多大的利害关系呢？不把这些事放在心上，即使每天冒犯我数十次之多，我也不至于在言语表情上表现出任何的愤怒之色，这样才能看出忍耐的功效是多么大啊，这才是善于忍耐的人。

鉴读

所谓的"忍"，不过是宽容的一种表现，当心中充满关爱，我们就不会过多地去计较一些小事。学会理解，我们就不会让自己陷入苦恼的漩涡。另外，要想使家庭关系和谐，也应学会必要的处世方法。相敬如宾，不一定适合所有家庭。矛盾就像绳结，要随时去解，不要让问题堆积成待发的火山。如此看来，随时吵吵架，并不都是坏事，不过要注意"方式"和把握好自己的情绪罢了。

亲戚之间莫记仇

原文

骨肉之失欢，有本于至微而终至不可解者。止由失欢之后，各自负气，不肯先下尔。朝夕群居，不能无相失。

相失之后，有一人能先下气，与之话言，则彼此酬复，遂如平时矣。宜深思之。

【译文】

　　亲人之间不和睦，往往是源于细小琐碎之事，却最终导致了终生失和。终生失和的原因恐怕是失和之后，彼此各怀气愤，谁也不肯先提出和解，谁也不肯认输。人与人朝夕相处，不可能没有相互失礼之处。相互失礼之后，如果其中的一人能够先主动讲和，与对方平心静气地把话说开，彼此的关系就会恢复，和好如初。这个道理应该好好思考一下。

【鉴读】

　　朝夕相处的骨肉至亲，因一些小事而产生矛盾，这是极为正常的。关键在于有了矛盾后，要努力加以调解。主动把话说开，是大度的表现，无关乎尊严。和人相处莫记仇，不仅是和亲人相处应该注意的，也是处理朋友、同事间的矛盾时都应做到的。

为人岂可不孝

【原文】

　　人当婴孺之时，爱恋父母至切。父母于其子婴孺之时，爱念尤厚，抚育无所不至。盖由气血初分，相去未远，而婴孺之声音笑貌自能取爱于人。亦造物者设为自然之理，使之生生不穷。虽飞走微物亦然，方其子初脱胎卵之际，乳饮哺啄必极其爱。有伤其子，则护之不顾其身。然人于既长之后，分稍严而情稍疏。父母方求尽其慈，子方求尽其孝。飞走之属稍长则母子不相识认，此人之所以异于飞走也。然父母于其子幼之时，爱念抚育，有不可以言尽者。子虽终身承颜致养，极尽孝道，终不能报其少小爱念抚育之恩，况孝道有不尽者。凡人之不能尽孝道者，请观人之抚育婴孺，其情爱如何，终当自悟。亦由天地生育之道，所以及人者至广至大，而人之报天地者何在？有对虚空焚香跪拜，或召羽流斋醮上帝，则以为能报天地，果足以报其万分之一乎？况又有怨咨于天地者，皆不能反思之罪也。

【译文】

　　人在婴孩时代，对于父母的依恋是极为深切的。父母对于处在婴孩时代的儿女，爱护怜惜之情也很深厚，抚育时的关心达到了无微不至的程度。大概由于父母和孩子相连的气血刚刚分离，相去还不算遥远，并且婴孩的声音笑貌本身就能取悦于人，得到人的疼爱。这也是造物者特意安排的自然而然的道理，使这个世界能生生不息。即使是飞禽走兽、微生物等也是如此，当它们的子女刚刚脱离母体的时候，哺乳喂养往往极其细致。有意外的伤害降临到它们孩子身上之时，它们会奋不顾身去保护孩子。然而当人渐渐地长大之后，随着名分稍稍严格起来，感情也日渐疏远起来。此时父母极力要求尽自己最大的努力做到慈祥，子女们也力求做到孝敬父母。飞禽走兽之类渐渐长大之后，母与子不相识认，这是人之所以与飞禽走兽不相同的地方。但是父母在孩子幼小之际，对他们的爱护抚育之情，简直不可以用言语表达得尽。子女们即使终其一生承颜致养，孝顺父母，极尽孝道，也不能报答父母从小爱护抚育的恩情，况且对有些人来说，根本不能尽孝道。凡是不能尽孝道的人，请他注意一下人们是怎样抚育婴孩的，（看看）其中的情爱分量有多重，最终就会自己醒悟。正如天地孕育万物的至理，这种至理涉及人类的又是那样广大，而人类怎样去报答天地呢？有的对着空中焚香跪拜，有的请道士做道场以祭祀上帝，认为这样就能报答天地至爱，果然能报答其万分之一吗？更何况还有一些对天地有埋怨责怪的人，这些都是不进行反思的过错。

【鉴读】

　　"谁言寸草心，报得三春晖"。人从呱呱坠地的一刹那起，便开始沐浴在父母的爱抚之下，那么这种源源不断的亲情之爱，当以什么来作为报答呢？只有至孝。即使至孝也只能报答一小部分恩情。然而，在如今这个快节奏的时代，繁忙的生活中，你可能很少有时间在父母身边尽孝，更多的是给予他们物质上的满足。但父母的需要并不完全是这些，需要的是关心他们，更重要的是在心理上给予他们更多的关照。每周至少打一个电话，有时间常回家看看，这样的要求并不高，然而你能做到吗？

父母爱子应有当

【原文】

人之有子，多于婴孺之时爱忘其丑。恣其所求，恣其所为，无故叫号，不知禁止，而以罪保母。凌轹同辈，不知戒约，而以咎他人。或言其不然，则曰："小未可责。"日渐月渍，养成其恶，此父母曲爱之过也。及其年齿渐长，爱心渐疏，微有疵失，遂成憎怒，抚其小疵以为大恶。如遇亲故，妆饰巧辞，历历陈数，断然以大不孝之名加之。而其子实无他罪，此父母妄憎之过也。爱憎之私，多先于母氏，其父若不知此理，则徇其母氏之说，牢不可解。为父者须详察此，子幼必待以严，子壮无薄其爱。

【译文】

人们有了孩子，大多在孩子处在婴孩之时由于过分溺爱而忽略了他们的坏毛病。父母往往会满足孩子们提出的各种要求，也对他们的各种各样的行为不予理睬，他们无缘无故叫喊胡闹，父母不知道加以制止，却以此埋怨看护孩子的人。孩子欺侮了其他小孩，父母不懂得管教自己的孩子，却怪罪被欺侮的孩子。有的父母尽管承认孩子的所作所为是错的，但又说："孩子小，没有必要责备。"久而久之，便纵容了孩子的恶习，这就是父母溺爱孩子造成的过错。等到孩子渐渐长大，父母的溺爱之心渐渐淡化，孩子稍稍有过失，便会使父母感到极其厌恶，进而大发脾气，将孩子的小错看成是很大的错误。如果遇到亲朋故旧，更会历数孩子的过失，并坚决地把大不孝之名加在孩子的身上。但孩子的确又没有其他的罪过，这是父母妄加憎恶的过错。极端的爱憎感情大多首先来自母亲，父亲如果不懂得这个道理，仍听信母亲的话，认为她说的是不能改变的真理，那就会犯同样的错误。做父亲的必须详细了解并观察儿子的言行，在孩子小的时候要严格地要求他，长大后也不应减少对他的爱。

【鉴读】

婴儿出世后简单得犹如一张白纸，最初为其着色描摹的七彩笔握在父母的手中。父母供给他吃穿的同时也教会他如何在这个世界上生存，哪些事情应该去做，哪些事情不应该去做。孩子在接受不断的教育中走向成熟，有朝一日，推开父母的双手，大胆地投入到生活的洪流中去，从此，他也承担了孕育下一代的光荣使命。在不断的轮回与发展中，历史给了我们一条经验：不要过分溺爱孩子。

俗语说，"小时不管，到大上房揭瓦"。意即当小孩子处于可塑性阶段，大人纵容他的一切，不懂得教育他哪些事能做，哪些事不能做，那么长大成人之后，他会干出令父母吃惊又无奈的事情，这时父母会感到后悔却又失去了约束他的能力。因此，父母要给孩子一个权衡利弊的砝码，教他为人处世的技巧，给他待人接物的方法，让他感受到其自身必须承担的责任——这不论在哪个时代都是十分重要的。

身教重于言传

【原文】

　　人有数子，无所不爱，而于兄弟则相视如仇雠，往往其子因父之意，遂不礼于伯父、叔父者。殊不知己之兄弟即父之诸子，己之诸子，即他日之兄弟。我于兄弟不和，则己之诸子更相视效，能禁其不乖戾否？子不礼于伯叔父，则不幸于父亦其渐也。故欲吾之诸子和同，须以吾之处兄弟者示之。欲吾子之孝于己，须以其善事伯叔父者先之。

【译文】

　　一个人不管有几个儿子，对每一个儿子都无限厚爱，然而他往往对自己的兄弟相视如仇敌。他的儿子们也往往受父亲的影响，对伯父、叔父不加礼遇。殊不知自己的兄弟就是自己父亲的几个儿子，自己的几个儿子，在日后也会成为兄弟。自己和亲兄弟不和睦，几个儿子就争相仿效，又怎能阻止他们彼此乖违不和呢？儿子们对伯父、叔父不加以礼遇，那么日后他们将会不孝敬父亲，这种现象也会影响自己的兄弟们。所以想要使自己的儿子们和睦相处，必须以自己和兄弟和睦相处作为例子给他们看。如果想要孩子日后能孝顺自己，就必须首先让他们做到善待叔父、伯父们。

【鉴读】

　　《世说新语·德行篇》中有一段文字："谢公夫人教儿,问太傅:'那得初不见君教儿?'答曰:'我自教儿。'"这个故事是说谢公的夫人在教导儿子时,追问太傅谢安为什么从来不见他教导儿子,谢安回答说他是以自身言行来教导儿子的。诚然,身教重于言传。父母是孩子最有影响力的老师,一个人如果自己没有德行,却用德行来教育子女,这往往起不到任何作用。有其父,必有其子,希望父母在教育孩子时能找到一条最有效的办法。

亲戚不宜多借贷

【原文】

　　房族、亲戚、邻居,其贫者才有所阙,必请假焉。虽米、盐、酒、醋,计钱不多,然朝夕频频,令人厌烦。如假借衣服、器用,既为损污,又因以质钱。借之者历历在心,日望其偿。其借者非惟不偿,又行行常自若,且语人曰:"我未尝有纤毫假贷于他。"此言一达,岂不招怨怒!

【译文】

　　一个大家族中、众亲戚中、众邻居中,经济拮据、生活窘迫、日用不够的人一旦有所缺,就会向富裕家庭求借。虽然米面、盐、酒、醋之类不怎么值钱,但如果频繁地求借,也会令人感到厌烦。如果求借衣服、器皿等物,既容易被污损，又容易被拿出去换钱。所以一旦东西借出之后，主家便会时常记挂在心上，每天盼望求借者快快归还。如果求借东西的人不但不快快归还，反而看上去像是若无其事、毫不挂怀，并且对人说："我从来没有向他借过一针一线。"这话如果传到物主耳朵里，岂能不招来物主的怨恨之情！

【鉴读】

亲者，近也。戚者，忧也。"亲戚"最初的意思便是能与自己一起同甘共苦的亲近之人。然而，与再近的亲戚交往也要有度。如果自己恒贫，而常假借求助于他人，及至他人有事，自己无钱无力，则此种交情，绝不可持久。自古就有"亲戚不交财，交财两不来"的说法。亲戚之间如果钱财来往过多，便有了利益之争；如果处理不得当，便最终连陌生人也不如。袁氏此段议论，深谙常人之性，可谓中肯之至。

婚配需条件相当

【原文】

有男虽欲择妇，有女虽欲择婿，又须自量我家子女如何。如我子愚痴庸下，若娶美妇，岂特不和，或有他事；如我女丑拙狠妒，若嫁美婿，万一不和，卒为其弃出者有之。凡嫁娶因非偶而不和者，父母不审之罪也。

【译文】

　　家中男孩要聘媳妇，女孩要定女婿，做父母的得考虑一下自家的子女条件如何。如果自家儿子愚笨平庸，却娶了一个美貌女子为妻，不但夫妻会不和，还会发生其他事情；如果自家女儿又丑又笨还爱争风吃醋，却嫁了一个好女婿，万一夫妻不和，就会被人家抛弃。大凡男女结婚后，因为不般配而导致双方不能和睦相处的，都是做父母的事先没有考虑周全的过错。

【鉴读】

　　门第观念带有很强的封建色彩，这于今天早已过时。婚嫁讲究门当户对，该观念也已为今人所摒弃。但如果从最现实的角度思考，婚配的双方需要条件大体相当，也的确有几分道理。假如婚配的双方，经历、思想截然不同，在家庭生活中两人就很难相处好。黛安娜与查尔斯王子的悲剧，根源不在于两人出身门第的悬殊，而在于门第出身造成的二人思想的差距。由此看来，嫁入豪门和迎娶佳妻时都需要慎重考虑，彼此仍需多交往磨合。

收养亲戚当得法

【原文】

　　人之姑、姨、姊、妹及亲戚妇人，年老而子孙不肖，不能供养者，不可不收养。然又须关防，恐其身故之后，其不肖子孙却妄经官司，称其人因饥寒而死，或称其人有遗下囊箧之物。官中受其牒，必为追证，不免有扰。须于生前令白之于众，质之于官，称身外无余物，则免他患。大抵要为高义之事，须令无后患。

【译文】

人的姑母、姨母、姐姐、妹妹等女性亲属中，有些年老而子孙又不孝顺，以至得不到赡养的，应该把她接到家中奉养起来。但同时又要谨慎，因为怕她死后，她的那些不肖子孙胡搅蛮缠而与你打官司，说被你收养的人是因为你不给衣食，受饥挨饿死去的，或者说死者留下些财物被你占去。官府接到状纸，必定会调查取证，免不了闹得你家中鸡犬不宁。所以，必须让被你收养的亲戚在生前就把情况向大家说清楚，并在官府备案，讲清自己并无财产，以免今后产生祸患。一般来说，要做一些高尚的事情，事先必须考虑周全，以免留下后患。

【鉴读】

在社会福利保障体系不完善的社会中，这的确是一个引人深思的问题。然而我们又绝对不可因为怕令自己陷入纠纷中，而放弃"高义之事"，放弃自己的原则。最好的办法是用法律来解决问题，在收养亲戚时要得法，而绝对不能置之不顾。"大抵要为高义之事，须令无后患"，从现实角度看，袁采的思虑可谓周密。

附录

一二〇

遗嘱之文宜预为

【原文】

父祖有虑子孙争讼者，常欲预为遗嘱之文，而不知风烛不常，因循不决，至于疾病危笃，虽中心尚了然，而口不能言，手不能动，饮恨而死者多矣，况有神识昏乱者乎！

【译文】

有些做父亲、祖父的担心自己死后孩子们会因为财产问题而发生争执，就想早早写下遗嘱，然而他们不知道祸福不定，世事难料，常犹豫不决，等到疾病发作病势加重之时，虽然心中还明白，但已是口不能言，手不能动，只能含恨死去，何况有人在临终前已是神志不清！

【鉴读】

凡事都应提前谋划，以防有变。三国时期，刘表在考虑继承人时犹豫不决，病危而遗嘱未立。蔡夫人与蔡瑁、张充商议，假写遗嘱，令表幼子刘琮为荆州之主。后曹操趁机引大军来攻荆州，蔡夫人又怕刘备及刘表长子刘琦兴兵问罪，决意献荆襄九郡与曹操，遂引起荆州大乱。"凡事预则立，不预则废"，由此看来，袁采此语可为立世之言。

处己

长学问，需循序渐进

【原文】

人之智识，固有高下，又有高下殊绝者。高之见下，如登高望远，无不尽见；下之视高，如在墙外欲窥墙里。若高下相去差近，犹可与语；若相去远甚，不如勿告，徒费口颊舌尔。譬如弈棋，若高低止较三五着，尚可对弈，国手与未识筹局之人对弈，果何如哉？

【译文】

人与人之间的智力及知识水平当然有高下之分，并且有的相差悬殊。水平高的人看水平低的，就好像登高望远，远处景物一览无余；水平低的人看水平高的，就像在墙外的人想往墙里看，什么也看不见。如果高低相差无几，那么还可以相互交流；如果二者相差甚远，那么两个人不如干脆不要切磋，白费口舌罢了。就像下棋，双方的水平只差三五着，还可以切磋，如果一个国手和一个根本不知道如何下棋的人下棋，会出现什么情况呢？

【鉴读】

人的智商差别并不大，知识与见识，主要来自后天的教育学习。任何人只要肯学习，都会掌握一技之长，找到适合他做的事情。在这里，袁采关于先天之"智"的论述并不准确。但文中的"对弈"说，颇有些道理：学习和工作不可好高骛远，要找相当的对手，要循序渐进，以免造成资源浪费。

富贵不宜骄横

【原文】

富贵乃命分偶然，岂宜以此骄傲乡曲！若本自贫窭，身致富厚，本自寒素，身致通显，此虽人之所谓贤，亦不可以此取尤于乡曲。若因父祖之遗资而坐飨肥浓，因父祖之保任而驯致通显，此何以异于常人！其间有欲以此骄傲乡曲，不亦羞而可怜哉！

【译文】

谁富谁贵在人生中是极偶然的事，岂能因为富贵了就在乡里作威作福！如果本来贫穷，后来发财致富，本来出身微贱，后来身居高官，这种人虽然别人称赞他有才能，但也不能因此而在家乡过于招摇。如果因为祖先的遗产而过上富足生活，依靠父亲或祖父的保举而获得高官，这种人又与常人有什么区别！他们中如果有人想借这种富贵高官在乡邻面前炫耀，这种炫耀不仅令人感到羞愧，而且令人感到可怜！

附录

【鉴读】

　　挫折和坦途是每个人都会遇到的。真正令人钦佩的人，是那些顺境不沾沾自喜、逆境不消沉的人。然而，在我们身边许多人能做到败不馁，却不做到胜不骄。那些凭着自己有威名而到处招摇的人，更是让人气愤至极。这样的人不论在哪个时代都是存在的。奉劝他们要仔细斟酌"弓满则折，月满则缺"的道理。

礼不可因人而异

【原文】

　　世有无知之人，不能一概礼待乡曲，而因人之富贵贫贱设为高下等级。见有资财、有官职者则礼恭而心敬，资财愈多，官职愈高，则恭敬又加焉，至视贫者、贱者，则礼傲而心慢，曾不少顾恤。殊不知彼之富贵，非我之荣，彼之贫贱，非我之辱，何用高下分别如此。长厚有识君子，必不然也。

【译文】

　　世上有一些没见识的人，不能在对待父老乡亲时一视同仁，礼待如一，却根据他人的富贵贫贱划分高下等级。这样的人见到有钱有官职的就礼貌恭敬，钱财越多，官职越高，就对其越是恭敬；而见到贫穷的、地位低下的乡亲，就态度傲慢而心下轻视，很少去关照周济他们。殊不知，别人的富贵并不是自己的荣耀，别人的贫贱也不是自己的耻辱，又何必因他人的富贵贫贱而用不同的态度对待。德行深厚、有识有见的人绝不会这么做。

【鉴读】

与人交往要有原则，对比自己强的人不阿谀奉承，对处境不如自己的人打交道也不倨高傲慢。所谓的"不卑不亢"，并不只是一种仪表要求，而应该是一种处世原则。因为每个人的情况都会有变化，我们自己有时也会陷入困境，你想要别人以什么样的方式对待你，你就要那样对待他人。

随遇而安方为福

【原文】

人生世间，自有知识以来，即有忧患如意事。小儿叫号，皆其意有不平。自幼至少至壮至老，如意之事常少，不如意之事常多。虽大富贵之人，天下之所仰羡以为神仙，而其不如意处各自有之，与贫贱人无异，特所忧虑之事异尔。故谓之缺陷世界。以人生世间无足心满意者。能达此理而顺受之，则可少安。

【译文】

人活在世间，自从有了知识，就有了忧患和不称心的事。小孩子哭闹，都是因为有些事没达到他的要求。从幼儿到少年到壮年再到老年，顺心如意的事少，而不如意的事却常常很多。即使大富大贵的人，虽然天下人都羡慕他，认为他过的是神仙一般的日子。但是，这种人也都有烦恼，跟平民百姓没什么两样，只不过他所忧虑的事情跟普通人不一样罢了。所以我们把这个世界叫作缺陷世界。人生活在世上没有谁能处处如意、事事美满。能深刻地明白这个道理而在遇到挫折不如意时安然处之，就能感到心里顺畅一些。

【鉴读】

更多时候，随遇而安是一种人生境界，是一个人历经沧桑后返璞归真的选择。当人年轻气盛时，每每遇到拂意之事，大多捶胸顿足，消沉颓废，甚至痛不欲生。然而即使是把眼泪哭干，事情终需想办法解决，而且每件事都需要一步步解决。况且我们自身能力的由来是一个脚踏实地积累的过程。很多时候，不"顺受之"，也只会徒增烦恼。由此看来，面对困境，努力而又随遇而安是一种最为明智的选择。

先天不足，后天补之

【原文】

人之德性出于天资者，各有所偏。君子知其有所偏，故以其所习为而补之，则为全德之人。常人不自知其偏，以其所偏而直情径行，故多失。《书》言九德，所谓宽、柔、愿、乱、扰、直、简、刚、强者，天资也；所谓栗、立、恭、敬、毅、温、廉、塞、义者，习为也。此圣贤之所以为圣贤也。后世有以性急而佩韦，性缓而佩弦者，亦近此类。虽然，己之所谓偏者，苦不自觉，须询之他人乃知。

【译文】

人的品德、性格从生下来，就各有各的缺陷。有学问、有修养的人知道自己的不足之处，所以用加强学习的办法来弥补，于是变成了一个具有高尚品德的人了。普通的人不知道自己的不足之处，而被这种不足支配着任意作为，率性行事，所以造成许多过失。《尚书》说有九种德性，即"宽、柔、愿、乱、扰、直、简、刚、强"，这些是天生的；而"粟、立、恭、敬、毅、温、廉、塞、义"，这些是通过学习而养成的。这就是圣贤之所以能成为圣贤而凭借的东西。后世有一些性急的人就佩带韦皮，慢性子的人则佩带紧绷的弓箭，也是出于这种原因。即使这样，自己的不足之处，也常常因自己无法知道而苦不堪言，必须向他人请教才能知道。

【鉴读】

《论语》中有这样一个故事：子路问："闻斯行诸？"子曰："有父兄在，如之何闻斯行之？"冉有问："闻斯行诸？"子曰："闻斯行之。"公西华曰："由也问：'闻斯行诸？'子曰：'有父兄在。'求也问：'闻斯行诸。'子曰：'闻斯行之。'赤也惑，敢问。"子曰:"求也退,故进之;由也兼人,故退之。"意思是:子路和冉有都问孔子,"听到一件合理的事,是否就可以立即去做",而孔子给二人的答案截然不同,原因是冉有做事总是退缩向后,所以孔子要鼓励他去做;而仲由胆子大,有时很鲁莽,所以孔子要压压他。诚然,要想让自身有更大发展,就要不断克服自身的缺点。而要这样做的第一步就是要不断发现自己的缺点。但这实际做起来并不容易,讳疾忌医的人不少,况且主动以自己的缺点"询他人",并不是每个人都能做到的。

人各有所长

【原文】

人之性行虽有所短,必有所长。与人交游,若常见其短,而不见其长,则时日不可同处;若常念其长,而不顾其短,虽终身与之交游可也。

【译文】

人的性格、品行中虽然有短处,但也有长处。与人交往,如果经常注意别人的短处,而无视别人的长处,那么就连一刻也难以与人相处;如果常想着别人的长处,而不去计较他的短处,就是一辈子相交下去也能和睦。

【鉴读】

与人交往,最重要的是宽容。每个人都有缺点,如果总是盯着别人的缺点不放，就容易与人产生矛盾，出现争执。更重要的是，我们并不能按自己的意志去改变他人，如果苛求别人与自己相同，最终只能让自己心情变得恶劣。因此，多看别人的长处，是我们处世时首先要学会的本领。

慢心、伪心、妒心、疑心不可存

【原文】

处己接物，而常怀慢心、伪心、妒心、疑心者，皆自取轻辱于人，盛德君子所不为也。慢心之人自不如人，而好轻薄人。见敌己以下之人，及有求于我者，面前既不加礼，背后又窃讥笑。若能回省其身，则愧汗浃背矣。伪心之人言语委曲，若甚相厚，而中心乃大不然。一时之间人所信慕，用之再三则踪迹露见，为人所唾去矣。妒心之人常欲我之高出于人，故闻有称道人之美者，则忿然不平，以为不然；闻人有不如人者，则欣然笑快，此何加损于人，只厚怨耳。疑心之人，人之出言，未尝有心，而反复思绎曰："此讥我何事？此笑我何事？"则与人缔怨，常萌于此。贤者闻人讥笑，若不闻焉，此岂不省事！

【译文】

待人接物时，如果总是怀着傲慢、虚伪、嫉妒、怀疑之心，那么这是自己向人讨取轻蔑与侮辱，品德高尚的君子是不会这么做的。有傲慢之心的人自己明明不如人，却喜欢凌辱别人。见到地位低于自己，以及有求于己的人，不仅当面不以礼相待，并且在背后讥笑人家。这种人如果能反省一下自身，则可能会惭愧得汗流浃背。怀有虚伪之心的人，言语十分委婉动听，好像对待别人很厚道，可心里则大相径庭。这种人可能一时还被人相信仰慕，可是与他交往两三次之后，他的真面目就暴露无疑了，最终被人唾弃。怀有嫉妒之心的人常常觉得自己高于别人，所以听到有人赞美他人的优点时，就忿然觉得不平，以为这种赞美是错误的；听到别人有什么地方不如人，有缺陷，就感到欣慰，从心底发笑，其实这种行为对别人又有什么损害，只不过徒增别人对你的怨恨而已。怀有疑心的人，别人说的话，可能是随口说说，他却反反复复地想："这到底在讥讽我什么事？那又到底在嘲笑我什么事？"这种人与人结怨，往往就是从此开始的。贤明的人听到别人对自己的讥讽嘲笑，就像没听见一般，如此不是省却了许多烦恼事！

【鉴读】

真诚是待人接物最起码的准则。只有以诚待人，才能得到他人的友爱。慢心、伪心、妒心、疑心，是人际交往之大碍。即使在权术之争中，这四者也常致人失误、失败。如《三国演义》中，怀慢心之孙权失庞统，怀疑心之曹操杀伯奢，怀伪心之刘备摔阿斗，而怀妒心之袁术、周瑜均为天下人所笑。在凡事讲究技巧的现代社会中，五花八门的处世哲学使我们不知所措，殊不知最好的也是最可行的处世方法就是以真诚待人。今天，在我们繁忙的生活中，真诚、坦率似乎能让我们更直接地解决问题，提高我们的办事效率。

忠信笃敬，圣人之术

【原文】

言忠信，行笃敬，乃圣人教人取重于乡曲之术。盖财物交加，不损人而益己，患难之际，不妨人而利己，所谓忠也。有所许诺，纤毫必偿；有所期约，时刻不易，所谓信也。处事近厚，处心诚实，所谓笃也。礼貌卑下，言辞谦恭，所谓敬也。若能行此，非惟取重于乡曲，则亦无入而不自得。然"敬"之一事，于己无损，世人颇能行之，而矫饰假伪，其中心则轻薄，是能敬而不能笃者，君子指为谀佞，乡人久亦不归重也。

【译文】

言论讲究忠信，行动奉行笃敬，这种原则是圣人教人们如何获得乡里之人敬重的方法。在财物方面，不干损人利己的事，在关键时刻，不干妨碍别人而方便自己的事，这就是人们所说的"忠"。一旦许诺，就是一丝一毫的小事，也一定要有结果；一旦定期有约，就是一时一刻也不耽误，这就是人们所说的"信"。待人接物热情厚道，内心诚实敦厚，这就是人们所说的"笃"。礼貌谨慎，言辞谦逊，这就是人们所说的"敬"。如果能够做到"言忠信，行笃敬"，不仅能得到乡亲的敬重，而且干任何事都能顺利。然而恭敬待人一事，因为对自己毫无损失，世人还能做到，可是如果不能表里如一，表面上待人很好，心中却轻视鄙薄，这就成了能"敬"而不能"笃"了，君子就会把他称为谄佞小人，乡亲们久而久之也不会再敬重他。

【鉴读】

做事讲诚信，做人要表里如一。无论在哪个时代，这都是做人的最起码原则。一些人自以为聪明，做事投机取巧，为了达到自己的目的而损害他人利益。还有一些人十分善于伪装，人前一套，背后一套，这样的人很少能交到知心朋友，而终有一天会被世人揭穿。在如今这个品质和实力并重的时代，相信袁采提倡的"忠、信、笃、敬"，能最终成为我们为人处世的信条。

严律己，宽待人

【原文】

忠、信、笃、敬，先存其在己者，然后望其在人者。如在己者未尽，而以责人，人亦以此责我矣。今世之人能自省其忠、信、笃、敬者盖寡，能责人以忠、信、笃、敬者皆然也。虽然，在我者既尽，在人者也不必深责。今有人能尽其在我者固善矣，乃欲责人之似己，一或不满吾意，则疾之已甚，亦非有容德者，只益贻怨于人耳。

【译文】

忠诚、有信、厚道、恭敬，这些品德先要自身具备，然后才可能希望别人具有。如果自己在接人待物时还没有完全达到这些要求，却以此来苛求别人，别人便也会以此来责怪你了。现在能自我反省是否做到了待人忠诚、有信、厚道、恭敬的人是很少的，而以之来要求别人的却比比皆是。即使自己在接人待物时做到了这些，也不必要求别人一定做到。现在有的人能够在接人待物时做到这些确实是不错的，可是他想要别人也都像他一样，一时不称他的心，就狠狠地责备人家，这种人不是有容人之德的人，是很容易与人结怨的。

【鉴读】

我们经常抱怨人心不古，责怨他人对自己不近人情，却很少有人能认真反省自己。如果每个人都一味要求别人，只知索取不知付出，那么不管我们的物质生活多么富有，都依然难以体会到幸福。其实，与人相处也如同耕种，如果想得到别人的关爱，必须首先自己播下爱的种子。在这个世界上没有人应该为你无条件付出，你对别人好，别人才会对你好。

小人当远之

【原文】

人之平居，欲近君子而远小人者。君子之言，多长厚端谨，此言先入于吾心，乃吾之临事，自然出于长厚端谨矣。小人之言多刻薄浮华，此言先入于吾心，及吾之临事，自然出于刻薄浮华矣。且如朝夕闻人尚气好凌人之言，吾亦将尚气好凌人而不觉矣；朝夕闻人游荡不事绳检之言，吾亦将游荡不事绳检而不觉矣。如此非一端，非大有定力，必不免渐染之患也。

【译文】

日常生活中，人们都想与君子结交而远离小人。君子的言论，大多忠厚老实，端庄严谨，有长者之风，这种言论先进入心中，等到自己遇到事情的时候，也自然而然会有忠厚老实、端庄严谨的长者风度。小人的言论却多为刻薄浮华之言，如果这种言论首先进入心中的话，等自己遇到事情时，自然而然也会有刻薄浮华的言论。正如早晚耳边充斥的都是盛气凌人之言，我也就变得盛气凌人而自己却不明白；早晚听那些游荡之人目无法纪的言论，我也变得喜欢游荡、目无法纪却不自知。像这样的情况出现得很多，如果没有很强的自控能力，必然免不了逐渐沾染不良习性的结果。

【鉴读】

常言道，看一个人如何，可以先看他的朋友。"近朱者赤，近墨者黑"，此言一点儿不假，与君子为伍，便有君子之风；与小人为伍，便有小人之气。正如现在一句比较流行的话所言，和比你优秀的人在一起，你才会变得更为优秀。而这里的"优秀"，并不仅仅以其成就而定，还包含着许多内在的东西，而在这其中，品行是第一位的。

老成之言更事多

【原文】

老成之人，言有迂阔，而更事为多。后生虽天资聪明，而见识终有不及。后生例以老成为迂阔，凡其身试见效之言欲以训后生者，后生厌听而毁诋者多矣。及后生年齿渐长，历事渐多，方悟老成之言可以佩服，然已在险阻艰难备尝之后矣。

【译文】

年老之人的言论有时显得迂腐而不大切合实际，但老年人经历的世事多而阅历丰富。年轻人即使是天资聪颖，但在人生的阅历及识见方面终难与老年人相比。年轻人总认为老年人的言论迂腐而不合实际，大凡老年人用他自己亲身经历过的事情来教导年轻人时，年轻人很多不喜欢听而且还要诋毁老年人。等到年轻人年岁渐渐增长，经历的世事逐渐多起来之后，才体悟到老人之言是多么值得人佩服，但是能体悟到这一点时早已是在他备尝艰辛之后了。

【鉴读】

人生如书。人经历得越多，书中记载着的东西也越多。酸甜苦辣、成功与失败、经验与教训，都让我们的书越来越厚重起来。年轻人要多与老年人交谈，这就如同在读一本实用的书。老人丰富的人生阅历是一笔财富，许多时候，老人的教诲可以使我们少走许多弯路。虽然有时因为时代的发展，老人的言辞不免有保守之处，但我们要能"择其善者而改之"，这是十分必要的。人们常说的"不听老人言，吃亏在眼前"，还是颇有几分道理的。

君子有过必改

【原文】

　　圣贤犹不能无过，况人非圣贤，安得每事尽善？人有过失，非其父兄，孰肯诲责？非其契爱，孰肯谏谕？泛然相识，不过背后窃讥之耳。君子惟恐有过，密访人之有言，求谢而思改。小人闻人之有言，则好为强辩，至绝往来，或起争讼者有矣。

【译文】

　　圣贤尚且不能没有过错，何况一般人不是圣贤，怎么能够每件事都做得尽善尽美呢？一个人犯了过错，如果不是他的父母兄长教诲责备他，又有谁来教诲呢？不是他情意相投的朋友，谁肯规谏劝告他呢？关系一般的人，不过是背地里议论议论他罢了。品德高尚的君子唯恐自己犯错，暗暗察访别人对自己的议论，听到这些议论就会感谢别人并且考虑改正过错。品德低下的小人听到别人对自己的议论，就爱强行替自己辩解，以至于断绝了朋友的交往，还有人为此而对簿公堂。

【鉴读】

俗语说："人非圣贤，孰能无过？"犯了错误不要紧，关键是看一个人对待错误的态度。有的人"闻过则喜"，知错就改；有的人则听不得他人意见，不知悔改。与刘邦争势，项羽屡次失误，却又每每对范增的进谏不予理睬，刚愎自用的性格注定了他最后乌江自刎的结局。纵观古今，凡是能成就一番事业的人，往往都能知错必改，而那些不知悔改的人，往往注定会成为失败者。

少说为佳

【原文】

言语简寡，在我，可以少悔；在人，可以少怨。

【译文】

说话简短并且少言寡语，这样，对于我来说，可以减少因为言语不周而造成的懊悔；对于别人来说，可以减少对我的怨恨。

【鉴读】

俗语说："病从口入，祸从口出。"在日常生活中，因为说话不当产生矛盾的事，可能我们每个人都亲身经历过。古往今来，许多人都把"少说为佳"作为自己立身行事的一条原则。唐朝诗人刘禹锡的《口兵诫》说："我诫于口，惟心之门。无为我兵，当为我藩。以慎为键，以忍为阖。可以多食，无以多言。"可见人们对言多语失是何等的慎诫。时至今日，我们虽然不再崇尚"沉默是金"的信条，但在某些场合，还宜少言。

非议不足畏

【原文】

　　人有出言至善，而或有议之者；人有举事至当，而或有非之者。盖众心难一，众口难齐。如此，君子之出言举事，苟揆之吾心，稽之古训，询之贤者，于理无碍，则纷纷之言皆不足恤，亦不必辨。自古圣贤，当代宰辅，一时守令，皆不能免，况居乡曲，同为编氓，尤其无所畏。或轻议己，亦何怪焉？大抵指是为非，必妒忌之人，及素有仇怨者，此曹何足以定公论？正当勿恤勿辩也。

【译文】

　　有的人话说得极为善良并且得体，但是还有对他进行非议的人；有的人做事极为得当，但是还有对他责备的人。这就是众人的心思难以一致，众人的口实议论难以整齐划一而导致的结果。所以，品德修养好的君子说话办事，如果能本着自己的良心，参考古代圣贤的遗训，向当代的贤明人士咨询请教，这样做出的事就会没有缺陷，对别人纷纷攘攘的议论都可以不必去担忧考虑，也不必去跟那些人争辩。自古以来的圣贤，当代的宰相，为官一时的太守县令，都不能免于被别人议论，何况一般人居住在乡井之中，同样是平民百姓，就更应该不畏惧别人对自己的议论了。有些人的议论对自己不利，那又有什么奇怪的呢？一般来讲，一个人硬把对的说成错的，一定是妒忌别人，或者是平常就和别人有仇怨，这些人说的话怎么能决定公论呢？对于这些人的话，正应当不加考虑、不加辩解才对。

【鉴读】

社会上总是有那么一小部分人爱议论别人。一种是出于妒忌，看到别人取得了成就，超过了自己，就妒火中烧，非要从别人身上挑出毛病来，加以夸张渲染。有的甚至无中生有，造出许多谣言来中伤他人，目的无非是造成对别人不利的社会舆论，从而使自己获得某种心理平衡。一种是和别人结有怨恨，出于报复的心理，散播出一些流言蜚语贬损别人的人格，降低别人的声誉。这样的人无论哪个时代都存在，让人防不胜防。袁采看得很透彻，"浮言不足恤"。对于那些流言蜚语，我们不必去忧虑它，以一种置若罔闻的态度来对待它，是再合适不过了。"走自己的路，让别人去说吧"，只要我们靠实力证明了自己，浮言自会消散。

奉承之言奸诈多

【原文】

人有善诵我之美，使我喜闻而不觉其谀者，小人之最奸黠者也。彼其面谀我而我喜，及其退与他人语，未必不窃笑我为他所愚也。人有善揣人意之所向，先发其端，导而迎之，使人喜其言与己暗合者，亦小人之最奸黠者也。彼其揣我意而果合，及其退与他人语，又未必不窃笑我为他所料也。此虽大贤，亦甘受其侮而不悟，奈何？

【译文】

有些人善于当面称颂我的优点，让我喜欢听他说的那些话而不觉得他是在阿谀奉承，这是小人中最奸诈狡黠的一种。他当面奉承我令我高兴，等他回去和别人谈论起来，可能会暗地嘲笑我被他愚弄了。有些人善于揣摩别人的心意，找出这样的话题进行谈论，引导别人并且迎合别人的心意，使别人高兴，因为他的言论和自己的暗相契合，这也是小人中最奸邪的一种。他揣摩我的心意而果然和我的心意相符合，等他回去和别人谈论起来，又未必不暗地里嘲笑我的心意被他预料到了。即使是大德大贤的人，也心甘情愿受这种小人的欺骗而不醒悟，这该怎么办呢？

【鉴读】

　　奉承话之所以让人爱听，在于它投其所好；奉承话之所以毁人，在于它为了投其所好而混淆是非。善意的谎言出于善良和关爱，能让人看到希望，当然无可厚非。由此看来，"诵我之美"，有两种情况，一种是善意的，一种是别有用心的。每天我们都可能听到许多称赞自己的话语，这就需要我们自己来分辨了。

凡事不可过分

【原文】

　　人有詈人而人不答者，人必有所容也。不可以为人之畏我而更求以辱之。为之不已，人或起而我应，恐口噤而不能出言矣。人有讼人而人不校者，人必有所处也。不可以为人之畏我而更求以攻之。为之不已，人或出而我辨，恐理亏而不能逃罪也。

【译文】

　　受到辱骂而不予理会，这个人一定涵养很高。我们不能认为这是别人惧怕我们就进一步去侮辱他。没完没了地这样做，人家就有可能起来反击我们，到那时我们恐怕就会吓得说不出话来。和别人争讼，而别人不计较，这是人家有自己的考虑。我们不要认为别人是畏惧我们就进一步去攻击人家。没完没了地这样做，人家站出来和我们辩论，我们恐怕就会理亏而不能逃避罪责了。

世上往往有那么一种修养差的人，喜欢得寸进尺，侮慢了别人，别人不予理睬，他不知这是人家对他的包容，反倒认为别人害怕他，更加嚣张。可是人的容忍毕竟是有限度的，激怒了人家，难免要自讨苦吃。由此来说，凡事都不可以过分。从另外一个角度看，我们和别人相处要多考虑他人的感受，这样才不至于做出过分之事。

盛怒之下，言语慎重

亲戚故旧，人情厚密之时，不可尽以密私之事语之，恐一旦失欢，则前日所言，皆他人所凭以为争讼之资。至有失欢之时，不可尽以切实之语加之，恐忿气既平之后，或与之通好结亲，则前言可愧。大抵忿怒之际，最不可指其隐讳之事，而暴其父祖之恶。吾之一时怒气所激，必欲指其切实而言之，不知彼之怨恨深入骨髓。古人谓"伤人之言，深于矛戟"是也。俗亦谓"打人莫打膝，道人莫道实"。

亲戚朋友，故交旧识，即便在彼此关系融洽、感情深厚的时候，也不可以把自己的隐秘之事全部告诉他们，只怕一旦双方关系恶化，那么从前所说的话，就成了他人和你争讼时所凭借的资本。还有在和人关系恶化的时候，也不要用太过分的言辞侮辱人家，只怕怒气平息之后还要和他恢复以前的友好关系，甚至结为亲戚，那样从前所说的话就会令人惭愧。一般来说，在怒不可遏的时候，切不可揭露别人隐私之事，或暴露别人祖辈、父辈所做过的恶事。我们可能为一时的怒气所驱使，一定要揭露人家的短处来攻击人家，不知道人家对我们的怨恨由此而深入骨髓。古人说的"言语对人的伤害，比长矛剑戟还要厉害"，说得对。俗话说"打人莫打膝，说人莫揭短"。

[鉴读]

人与人之间的矛盾，许多时候是由于说话不当引起的。朋友之间一旦翻脸，盛怒之下，不计后果，难免会攻击对方的短处。如果从此绝交，对方可能把你的话牢记在心，气量大度些的，倒也罢了；气量小的，耿耿于怀，总要伺机报复。如果双方怒火平息，又言笑如初，恐怕你就会后悔，当时不该说那样尖酸刻薄的话。

与人言语，平心静气

[原文]

亲戚故旧，因言语而失欢者，未必其言语之伤人，多是颜色辞气暴厉，能激人之怒。且如谏人之短，语虽切直，而能温颜下气，纵不见听，亦未必怒。若平常言语，无伤人处，而词色俱厉，纵不见怒，亦须怀疑。古人谓"怒于室者色于市"，方其有怒，与他人言，必不卑逊。他人不知所自，安得不怪？故盛怒之际与人言语尤当自警。前辈有言："诫酒后语，忌食时嗔。忍难耐事，顺自强人。"常能持此，最得便宜。

【译文】

　　亲朋好友，故交旧识，因为说话不当而交情破裂的，未必都是因为说了伤害别人的话，很多是因为态度、言辞、语气过于粗暴，所以激起了别人的愤怒。比如规谏别人的缺点，话语虽然恳切直爽，却能和颜悦色，纵使不被对方听取，也不至于惹怒对方。若是平常说话，本没有伤人的地方，而言辞声色都很严厉，即使不令对方恼怒，也会引起人家怀疑。古人说"在家里生气后，难免要把怒色带到外面去"，一个人正值生气的时候，和别人说话一定不会表示谦逊。别人不知道是什么原因，怎么能不奇怪呢？因此在大怒的时候和别人说话更应该警惕，不要伤害了别人。前辈曾经说过：喝酒后戒说话，吃饭时忌生气。能忍受难以忍受的事，不与自以为是的人争论。经常能坚持这样做，对自己是有好处的。

【鉴读】

　　谈话也是一门艺术。有些话从某些人嘴里说出来，亲切婉转，使人如沐春风；而同样的内容从另一些人嘴里说出，就暴戾生硬，让人难以接受。由此看来，要想拥有良好的人际关系，说话的艺术不可不研究。尤其是劝说别人，更要注重分寸，讲究方式，要尽量做到和颜悦色，循循善诱，动之以情，晓之以理，这样才更容易达到劝说的目的。

对待老人让三分

【原文】

高年之人，乡曲所当敬者，以其近于亲也。然乡曲有年高而德薄者，谓刑罚不加于己，轻詈辱人，不知愧耻。君子所当优容而不较也。

【译文】

年纪大的人，在乡里之所以受尊敬，是因为他们在年龄和经历上都和自己的父母相接近。然而乡里也有年纪虽高而品德修养不够的人，认为刑罚施加不到自己身上，动不动就侮骂别人，不知道惭愧羞耻。君子对这样的人应该能够宽容而不与他们计较。

【鉴读】

尊老爱幼是我们的优良传统，对老人谦让也体现了一个人最起码的素质。另外，人由于长期操劳，步入老年后身体会变得虚弱、易生病。另外，很多老年人年龄越大，脾气性格越接近孩童。因此，与老年人出现矛盾，如果不关乎原则问题，应退让一些，以免惹出大的麻烦。

与人交游，当有分寸

【原文】

与人交游，无问高下，须常和易，不可妄自尊大，修饰边幅。若言行崖异，则人岂复相近？然又不可太亵狎。樽酒会聚之际，固当歌笑尽欢，恐嘲讥中触人讳忌，则忿争兴焉。

【译文】

和别人交往，不管对方地位高低，态度上必须平和亲切，切不可妄自尊大，要穿着整洁。如果言谈举止一副高高在上的派头，那么谁还愿意和你接近呢？然而也不能和人过分亲近。喝酒聚会的时候，固然应该高歌欢笑，尽情畅饮，但也要说话谨慎，否则，在嘲讽讥笑中触犯了别人禁忌讳避的事，可能就要引起争吵了。

【鉴读】

不妄自尊大，待人友好，这一点在日常交往中，我们大多都能注意到。而"不可太亵狎"，我们往往会忽略。特别是年轻人在交往中，由于年龄相仿，彼此间说话开玩笑便不加考虑，很多时候会引起不愉快。可见，不管多么亲近的朋友，都要讲究相处的艺术，这样才会更好地维持友谊。

以才德服人

行高人自重，不必其貌之高；才高人自服，不必其言之高。

品行高尚的人自然会受到别人的敬重，他的容貌不一定有多么漂亮，身材有多么高大；才能高超的人自然会受到别人敬服，他的言论不一定有多么高明。

每个人都希望被人尊敬，因为受尊敬的程度往往能证明人的价值的大小。然而，怎样才能得到更多的尊敬呢？这就需要首先加强自身的修养。真正值得敬重的人，往往不是那些拥有极佳外貌、口才或更多财富、知识的人，而是一个才德厚重的人。做一个德才兼备的人，你才能赢得更多的掌声。

居乡不可奢华

居于乡曲，舆马、衣服不可鲜华。盖乡曲亲故，居贫者多，在我者揭然异众，贫者羞涩，必不敢相近，我亦何安之有？此说不可与口尚乳臭者言。

【译文】

居住在乡里面，驾的车马、穿的衣服不可以鲜艳华丽。因为乡里的亲戚朋友，生活贫困的占多数，我们与众不同，贫困的人感到不好意思，一定不敢接近我们，我们如何能安心呢？这些话不必与乳臭未干的未成年人讲。

【鉴读】

进入一个新环境，要想更快地赢得良好的人际关系，首先要做到尽量和这里的人保持格调一致。这无关乎个性问题，君不见许多人因与新环境格格不入，而终日郁郁寡欢。因此，在不失原则的基础上，尽量让自己随和一些，这是一种生存技巧。

子弟应适当交游

【原文】

世人有虑子弟血气未定，而酒色博弈之事，得以昏乱其心，寻至于失身破家，则拘之于家，严其出入，绝其交游，致其无所闻见，朴野蠢鄙，不近人情。殊不知此非良策。禁防一弛，情窦顿开，如火燎原，不可扑灭。况拘之于家，无所用心，却密为不肖之事，与出外何异？不若时其出入，谨其交游，虽不肖之事习闻既熟，自能识破，必知愧而不为。纵试为之，亦不至于朴野蠢鄙，全为小人之所摇荡也。

【译文】

　　世上有人考虑到年轻人尚未成年，自控能力差，酒色赌博这些事，会扰乱他们的心神，以至于丧失品德，败坏家业，于是把年轻子弟留在家里，严防他们的出入，断绝他们和外界的往来，以至于使这些年轻子弟缺乏见闻，文化水平不高，不懂得人情道理。殊不知这样做并非良策。一旦对他们的管教松弛下来，这些年轻子弟的情欲就会爆发出来，如同野火燎原，不可扑灭。况且把他们留在家里，他们整天无所事事，就会偷偷地做些不该做的事，这样一来和让他们外出有什么区别呢？不如时常让他们出去，告诉他们交朋友要谨慎，对于那些不该做的事他们眼见耳闻，心中有数，自然能够看得出来，一定知道羞愧而不做那样的事。即使试着去做这样的事，也不会愚蠢鄙陋，完全被小人愚弄。

【鉴读】

　　父母要引导孩子如何与人交往，帮助他们树立正确的人生观，教给他们生存的本领，让孩子适应这个复杂多变的社会。如果一味地限制孩子的正常交往，把他们关在家里，这的确减少了孩子学坏的可能性，但也容易使他们缺乏正确的是非观念，形成孤僻的性格。那样，孩子走入社会后也很难适应，其后果更为可怕。

持家宜量入为出

【原文】

　　起家之人，易于增进成立者，盖服食、器用及吉凶百费，规模浅狭，尚循其旧，故日入之数，多于日出，此所以常有余。富家之子，易于倾覆破荡者，盖服食器用及吉凶百费，规模广大，尚循其旧，又分其财产立数门户，则费用增倍于前日。子弟有能省悟，远谋损节犹虑不及，况有不之悟者，何以支梧？古人谓"由俭入奢易，由奢入俭难"，盖谓此尔。大贵人之家尤难于保成。方其致位通显，虽在闲冷，其俸给亦厚，其馈遗亦多，其使令之人满前，皆州郡廪给，其服食、器用虽极华侈，而其费不出于家财。逮其身后，无前日之俸给、馈遗、使令之人，其日用百费非出家财不可。况又析一家为数家，而用度仍旧，岂不至于破荡？此亦势使之然，为子弟者各宜量节。

【译文】

　　创立家业的人，之所以能够把财富越积越多，就是因为他们在服装、饮食、器皿、用具上，以及在红白喜事的操办和各种日常花费上都很节俭，遵循发家之前的规矩，从不铺张浪费，因此每天收入的钱财，总要多于支出的，所以他们能经常有所剩余。富家子弟之所以容易倾家荡产，就是因为他们在服装、饮食、器皿、用具上花费太多，操办红白喜事规模太大，总要依循旧制，并且数位兄弟把财产分开各立门户，这样日常费用就比从前增加了好几倍。子弟中有的人能节省费用，做长远打算，恐怕还来不及呢，何况有的子弟尚未省悟，如何才能把家业支持下去呢？古人说"从节俭进入到奢侈容易，从奢侈再回到节俭就困难了"，说的就是这种情况。权贵人家也不能保证子孙永不败坏家业。他们身居高位的时候，即使不是主管要害部门，国家发给的俸禄供给十分丰厚，别人赠送的礼物钱财也很多，他们有那么多差役仆从，费用都是由州郡官方供给，他们的服饰、饮食、器皿、用具虽然都极其豪华奢侈，但那些费用都不是由自家财产中支付的。等到这些权贵的后世子孙没有父祖辈做官时国家拨给的俸禄供给，也没有别人赠送的钱财礼物、差役仆从的薪水，日常生活所需的各种费用都不得不从自家财产中支出。况且后世子孙又把一家分成好多家，而各种用度还和往昔一样，怎么能够不倾家荡产呢？这也是形势所迫，不可避免的事，做子弟的都应量入为出，勤俭持家。

【鉴读】

　　量入为出，反对奢靡，治国、治家都该如此。《红楼梦》中，大观园被查抄之后，贾政查看历年收支账簿，发现"所入的不敷所出，又加连年宫里花用，账上有在外浮借的也不少。再查东省地租，近年所交不及祖上一半，如今用度比祖上用度加了十倍"。他不由得感慨："岂知好几年头里已就寅年用了卯年的，还是这样装好看，竟把世职俸禄当作不打紧的事情，为什么不败呢！我如今要就省俭起来，已是迟了。"现代生活中，适量消费、享受生活，对个人、对家庭都是应该的，但协调好收入和支出的比例更是十分必要的。量入为出，是家业长久兴旺之根本，对于一个国家来说亦是如此。

书 目